我们如何走到今天
重塑世界的6项创新

How We Got to Now

〔美〕史蒂文·约翰逊◎著
Steven Johnson

秦启越◎译

中信出版集团·CHINA**CITIC**PRESS·北京

图书在版编目（CIP）数据

我们如何走到今天：重塑世界的 6 项创新/（美）约
翰逊著；秦启越译. -- 北京：中信出版社，2016.9（2025.3重印）
书名原文：How We Got to Now：Six Innovations
That Made the Modern World
ISBN 978-7-5086-6111-7

I.① 我… II.① 约…　② 秦…　Ⅲ.①创造发明-世
界-普及读物　Ⅳ.①N19-49

中国版本图书馆CIP数据核字（2016）第 077234 号

我们如何走到今天：重塑世界的 6 项创新

著　　者：[美]史蒂文·约翰逊
译　　者：秦启越
策划推广：中信出版社〔China CITIC Press〕
出版发行：中信出版集团股份有限公司
　　　　　〔北京市朝阳区东三环北路27号嘉铭中心　邮编　100020〕
　　　　　〔CITIC Publishing Group〕
承 印 者：北京启航东方印刷有限公司

开　　本：787mm×1092mm　1/16　　印　　张：17.5　　　字　　数：200 千字
版　　次：2016 年 9 月第 1 版　　　　印　　次：2025年3月第16次印刷
京权图字：01-2014-8368
书　　号：ISBN 978-7-5086-6111-7
定　　价：58.00 元

史蒂文·约翰逊的其他作品

《界面文化》

新技术如何改变我们的创新和沟通模式

《出现》

蚂蚁、大脑、城市与软件相互关联的生活

《脑洞大开》

你的大脑与日常生活神经科学

《所有坏事情对你来说都是好事情》

今天的流行文化实际上使我们变得更聪明

《鬼地图》

伦敦最恐怖的流行病故事，以及它如何改变了科学、城市以及现代世界

《发明空气》

关于科学、信仰、革命以及美国诞生的故事

《好创意从何而来》

创新的自然历史

《完美未来》

网络时代的进步案例

本书献给简。毫无疑问，她原本期待

读到一部有关 19 世纪捕鲸业的三卷本专著。

《创新书系》序

> "先除掉你自己眼中的障碍，才能看得清并拔掉你兄弟眼中的尘埃。"

G·伯克利

"创新"，将是很长一段时期实现"中国梦"的主旋律。中信出版集团和泰达—天津经济技术开发区合作出版《创新书系》，其意义套用一句话来说，就是"怎样估计也不会过高"。

双方合作搞这项理论和文化工程，有其显见的必然性和迫切性。必然性是指三十多年来，在中国改革开放大业中，天津开发区作为第一代特殊经济区，是这种发展模式的缩影，在聚集全球资源、谋求高速经济增长方面取得了瞩目的成就。但勿庸讳言，这种主要靠要素投入推动经济增长的模式，已接近了所能达到的极限。面对现实，国人已经逐渐认识到，经济增长并不能与经济发展，特别是持续发展直接画等号，增长靠投入，有极限，发展靠创新，才能不断进入新的境界。

其实系统的创新理论并不是近期才被阐发，之所以在当前越来越重要，正是因为中国经济发展已经进入到特定阶段，与创新理论亟为对位，这就是迫切性。在这个意义上说，《创新书系》是一种新的启蒙。但重温经典，读书破万卷，与前贤对话，关键是要从书中走出来，并自出见解，指引实践，把中国的事办好。

如果说创新要有中国特色的话，那么除了中央早已归纳的"自主创新"，"集成创新"，"引进、消化、吸收以后的再创新"之外，在具体操作中当是注重"两面一点"。

所谓"两面"，即在微观层面以企业为载体，致力于技术创新、产品创新、市场创新，这无须多说。一个企业要想发展，要想在市场竞争中立足，就必须有创新的实际行动，而无论走"自主"还是"集成"还是"消化吸收"哪条道路；在中观和宏观层面以政府和行业组织为载体，致力于资源配置创新和组织创新，也可以称之为体制创新——"体"，行政和管理主体，"制"——制度和机制，即中观和宏观要创造出对位的环境，鼓励和支持微观上企业的创新。而"一点"，就是创新的主体是企业家，或称企业家群体(企业家与在企业里作官不是一回事)。现在已经无须遮掩，企业的创新一定要由企业家来引领，让有能力、有社会责任感的企业家成为社会的中坚，这是市场经济的圭臬，也恰恰是组织创新(体新创新)要解决的核心问题。舍此建设创新型国家无从谈起。

本《书系》尽可能扩大涉及面，使读者在阅读各类书籍时可以各取所需。但本书系定位不是畅销小说，读者群在某种程度上可以说是特定的。《书系》的出版合作者希望中国的各类特殊经济区不管现在发展到什么程度，都来关心这个书系。尽管"批判的武器不能代替武器的批判"，但上阵没有武器或武库贫乏也是可悲的事情。

创新是推动中国科学发展、实现中国梦的充分必要条件，是为序。

泰达创新工作室

HOW WE GOT
TO NOW

目 录

机器人历史学家
与蜂鸟之翼

　　20多年前，墨西哥裔美国艺术家和哲学家曼纽尔·德兰达〔Manuel De Landa〕出版了一本奇特而绝妙的书，名为《智能机器时代的战争》（*War in the Age of Intelligent Machines*）。从技术角度而言，这本书讲的是军事技术史，但它迥异于这一题材，或许会超出读者自然而然的期待。海军学院的某个教授会描述海底工程如何艰苦卓绝，但德兰达的这本书却将混沌理论、进化生物学和法国后结构主义哲学编织融入锥形子弹、雷达以及其他军事发明的故事中。我记得我在20多岁做研究生时读过这本书，当时我想，这就是那种不落窠臼、独具一格的图书吧，德兰达似乎是从另外一个智慧星球降临到地球上来的人。他的这本书令人如痴如醉，同时又困惑不已。

　　德兰达的书别开生面，由一个精彩的说明进入主题。他建议读者，不妨设想有一部历史著作，是在将来某个时候由某种人工智能创作的，它详细描述了此前一千年的历史。德兰达说："不难想象，这样一个机器人历史学家写出来的历史，会完全不同于同时代人类历史学家写出来的历史。"在人类论述中举足轻重的那些事件，例如欧洲对美洲的征服、罗马帝国的衰落以及英国《大宪章》的签订，从机器人的角度来看，也许只是一些脚注。而在传统历史里似乎无足挂齿的一些事件，例如 18 世纪玩具机器人有模有样地下象棋，早期计算机穿孔卡片的诞生是受到了加卡提花织布机的启示，在机器人历史学家看来，这些才是真正的分水岭，是与当今时代直接关联的转折点。德兰达解释说："人类历史学家或许想弄明白人们是如何组装钟表机械、汽车以及其他精巧的物理装置的，但机器人历史学家很有可能更看重这些机器是如何影响人类进化过程的。机器人会强调这一事实：钟表机械一度代表了这个星球上占统治地位的技术，此时人们看待周围的世界，同样将其看成一个类似由齿轮和车轮组成的系统。"[1]

遗憾的是，本书中没有智能机器人。灯泡、录音合成、空调、一杯洁净的自来水、腕表、玻璃镜片——这些发明创造和日常生活有关，而不是科幻小说的内容。但是，我想从类似德兰达机器人历史学家的角度，来讲述这些发明创造的故事。如果灯泡能够书写它过去 300 年的历史，这历史同样也会显得与众不同。我们会看到，过去的我们如何满腔热情，努力追求人造光；为了对抗黑暗，我们如何殚精竭虑，费尽心思；我们偶然得到的发明又如何引发了变革，乍看之下，这些变革似乎和灯泡毫无关联。

这部历史值得娓娓道来，部分原因是它让我们能够以新颖的眼光，来看待我们通常认为理所当然的这个世界。发达国家中的我们，多数人懒得静下来想一想，我们从水龙头接水喝，却完全不必担心 48 小时之后死于霍乱——这件事情是多么神奇。幸亏有了空调，仅仅 50 年前，那些让我们难以忍受的气候条件，如今我们多数人身处其中，却活得舒舒服服。我们的生活是围绕一系列物体而建立的，同时受其支撑，这一系列物体被我们千千万万个先辈施了魔法，无处不体现出他们的奇思妙想和无穷创造力。他们是发明家、业余爱好者和改革者，为了获得人造光或洁净的饮用水，他们面对难题刻苦钻研，坚持不懈，这才使今天的我们能够享受这些奢侈品，而我们在享受这一切时不假思索，甚至不是将其当作奢侈品来看待。毫无疑问，机器人历史学家会提醒我们，我们从这些人身上所受的恩惠，与我们从传统历史上的国王、征服者和巨头身上所受的恩惠相比，即便不是更多，至少也毫不逊色。

　　但是，撰写这样一部历史还有其他原因，那就是，这些发明创造促发了一系列社会变革，范围之广甚至超出我们的合理想象。通常情况下，只有当某个具体问题需要解决的时候，新发明才会开始出现，而新发明一旦传播开来，它们最终会引发其他可能极难预料的变革。这种变革模式，在进化史上一再出现。以授粉行为为例：在白垩纪的某个时候，花卉的颜色和香味开始进化，能够向昆虫发出信号，告诉它们周围有花粉；同时，昆虫进化出可提取花粉的复杂系统，并且无意之间为其他花卉进行了授粉。时光变迁，花卉给花粉补充了更多富含能量的花蜜，引诱昆虫把授粉当成一种惯常行为。蜜蜂和其他昆虫进化的感官工具，使其能够看到花卉，或被花卉所吸引，正如花卉也进化出吸引蜜蜂的特性。这种另类的适者生存，不是通常的零和竞争（这种故事，我们在精简版的达尔文进化论里耳熟能详）而是某种更具互惠互利性的东西：昆虫和花卉都会成功，因为它们在形体上相互适应，相得益彰。（用技术术语来说，就是"共同进化"。）查尔斯·达尔文（Charles Darwin）没有忽略这一重要的关系，在《物种起源》（*On the Origin of Species*）一书出版之后，他又专门写了一本书来讲述兰花的授粉。

　　共同进化的相互作用经常导致生物体发生变化，使生物体看起来似乎与原始物种没有直接的联系。开花的植物与昆虫之间的互利共生现象，产生了花蜜，并最终为体型更大的生物体，比如蜂鸟提供了机会，使后者能够从植物中吸食花蜜，为了做到这一点，蜂鸟进化出了一种极其特别的飞行机制，使它们能够悬停于花朵旁边，而其他鸟类很少能做到这一点。昆虫能够在飞行途中保持稳定平衡，因为它们的身体构造具有这种基本的灵活性，这是脊椎动物所不具备的。尽管蜂鸟的骨骼结构受到此类限制，但它们进化出了一种新颖的快速扇动翅膀的方式，不仅施力于翅膀上挥时，也施力于翅膀下挥时，这就使它们能够飘浮于半空中，同时从花朵吸取花蜜。这些是进化不断带来的奇妙飞跃：植物的有性生殖最终却影响了蜂鸟翅膀的外形进化。如果当时有自然学家观察到昆虫最初和开花的植物一起进化授粉行为，那么他们一定会从逻辑上断定，这种奇妙的新仪式和鸟类生活毫无关系。然而它却最终促成了鸟类进化史上最不可思议的身体变化。

　　想法和创新的历史以同样的方式展开。约翰内斯·古腾堡（Johannes Gutenberg）的印刷机导致人们对眼镜的需求激增，因为新的阅读方式使整个欧洲大陆的人们忽然意识到他们有老视的毛病。眼镜的市场需求鼓励越来越多的人生产镜片，并用其做实验，这就导致了显微镜的发明。此后不久，显微镜又使我们能够发现，我们的身体原来是由微小的细胞构成的。你不会去想，印刷术竟然会和我们的视界扩展至细胞层面有关系，就好比你不会去想，花粉的进化竟然会改变蜂鸟的翅膀。但是，变化就是这样发生的。

　　乍看起来，这好像是混沌理论中赫赫有名的"蝴蝶效应"的一个变种，加利福尼亚州一只蝴蝶轻轻扇动翅膀，最终却引发了大西洋上的一场龙卷风。但实际上，二者有本质的区别。蝴蝶效应的非凡特性（或者说其不确定性）在于，它包括一连串几乎不可知的因果关系，在蝴蝶周围跳动的空气分子，和大西洋上酝酿的暴风系统，它们之间有什么联系，你无法描述。它们之间可能有联系，因为在某种程度上，世上万物都是彼此联系的；但剖析这些联系超出了我们的能力，更别论提前预测它们。但在花卉和蜂鸟的事例中，情况却完全不同：它们是完全不同的生物体，有着完全不同的需求和倾向性，更不用说基本的生物系统，花卉以直接而清楚易懂的方式明确影响了蜂鸟的外形。

　　本书接下来论述这些奇特的影响链条，即"蜂鸟效应"。一个领域内的一项创新或一连串创新，最终会引发表面看来似乎完全属于另一截然不同的领域内的变革。蜂鸟效应的表现形式多种多样，其中一些非常直观：能量或信息的共享呈数量级增长，倾向于促发一场混沌无序的变革浪潮，而这一浪潮能够轻易漫过知识界限和社会界限。（只需看看过去 30 年中互联网的发展就会明白。）但是其他蜂鸟效应却更微妙，它们不经意间留下的指纹并不那么引人注目。时间、温度、质量，我们在衡量这类现象上所取得的突破，经常会开启一些新的机会，而它们乍看之下似乎毫无关联。（钟摆就促使了工业革命的工业区的出现。）有时，就像古腾堡和镜片的故事所展示的，一种新方法的出现，往往会在我们的"自然工具箱"中造成一种不利条件或缺陷，迫使我们朝着新的方向出发，产生新的工具以解决某个"问题"，这个问题本身就是一种发明。有时，新工具降低了人类发展历程中的壁垒和限制，空调的发明就使人类能够移居这颗行星上的热带地区，规模之大，足以令三代前的先辈震惊。有时，新工具对于我们的影响，就如同机器人历史学家将钟表和早期物理学的机械论联系起来，整个宇宙被设想成一个"齿轮与车轮"的系统。

观察一下历史上的蜂鸟效应，就会清晰地看到，社会变革并不总是人类能动性和决策能力的直接结果。有时，变化来自政治领袖或发明家的行为，或来自抗议运动，他们通过有意识的计划，带来某种新的现实。（在美国，我们能够拥有统一的全国公路系统，很大一部分原因在于我们的政治领袖决意在 1956 年通过了《联邦援助公路法》。）但在其他事例中，观念和创新似乎有其自身的生命，所带来的社会变革并不是创始人最初想法的一部分。空调的发明者当初开始着手解决居室和办公楼的降温问题时，并未想要重新绘制美国的政治地图；但是，我们将会看到，他们开发的技术对美国的聚落形态造成了显著的影响，这反过来又改变了国会和白宫中的掌权者。

我一直在抵制这种熟悉的诱惑，就是以某种价值判断来评估这些变化。当然，本书的主旨是颂扬我们的创造力，但是，仅仅因为一种新事物出现了，它在社会中造成的连锁反应，并不意味着它最终不会产生混合的后果。大多数由文化所"选择"的想法，就局部目标而言确实都有明显的改进：很多时候，我们宁愿选择某种较差的技术或科学原理，而不选择某种更具生产力或更精确的技术或原理，这类特例就是这一规律的最佳证明。当初面对家庭录像系统（VHS）和 Betamax 盒式视频录像机两种选择时，我们简单选择了较差的家庭录像系统，但没过多久，新出现的数字多功能光碟（DVD）就胜过了前两者。因此，从这一视角来观察历史的轨迹，就会发现，它确实倾向于选择更好的工具、更好的能源，以及更好的信息传递方式。

问题取决于外在因素和意想不到的后果。1991 年，谷歌发布它最初的搜索工具时，与此前搜索网络海量资料的其他技术相比，谷歌的技术无疑是一项重大的进步。从任何层面来说，这都是一件值得庆贺的事：谷歌将整个网络变得更有用，而且是免费的。但是，后来谷歌开始将广告和它所接收的

搜索要求捆绑起来，不出几年，全美国本地报纸的广告根基，就被谷歌搜索
（以及其他几个在线服务如Craigslist）的高效挖掘一空了。几乎无人预料到这
一结果，包括谷歌的创建者也是如此。你可以争论说——碰巧我也会争论说，
这种权衡无可厚非，谷歌引发的挑战最终将会带来更好的新闻报道形式，是
围绕网络的独特机遇而不是印刷机而建立的。但是，必须说明一个事实：网
络广告的兴盛，总体来看，对新闻报道的基本公共资源带来了负面影响。围
绕每次技术进步，都会产生类似的激烈争论。和骑马相比，汽车在帮助我们
实现空间移动方面更高效，但是它们就真的值得我们付出环境污染的代价
吗？付出本来宜于步行的城市一去不回的代价吗？空调技术使我们能够生活
于沙漠地带，但在供水方面我们又要付出何等的代价？

在这类有关价值的问题上，本书坚持不可知论。弄明白某个变化从长远
来看是否对我们更好，和弄明白变化最初是如何出现的，是不一样的。如果
我们想了解历史，并描绘出通往未来的道路，这两种考虑方式都是基本手段。
每个新事物产生之后，它所带来的蜂鸟效应会改变其他领域，对此我们需要
竭尽全力去预测和理解。同时，我们需要一个价值体系，以便决定某些负担
需要鼓励，而某些利益却不值得我们付出代价。本书涉及的那些新发明，我
试图阐明它们所带来的全部后果，或好或坏，不做置评。真空管帮助爵士乐
有了大众受众，同样它也导致了更大规模的纽伦堡集会。对于这些变化，你
的最终感受如何？由于有了真空管，我们的生活比以前更好了吗？这些问题
的答案，取决于你自己的信仰体系，你是如何看待政治和社会变革的。

我需要提及本书关注的一个额外因素，即本书以及书名中的"我们"，主
要指北美洲人和欧洲人中的"我们"。中国人或巴西人的故事与此截然不同，
每一片段也都精彩纷呈。但是欧洲人和北美洲人的故事，在其范围之内，无

疑具有更广泛的联系。因为一些关键的经验，例如科学方法的兴盛和工业化，首先发生于欧洲，然后传播到全世界。（当然，为什么它们首先发生于欧洲，这个问题是所有问题中最有趣的，但是本书无意探讨。）那些仿佛被施了魔法的日常生活用品，包括灯泡、眼镜和录音带，现在已成为地球上每个角落生活的一部分；无论我们生活在何处，从它们的视角来讲述以往一千年的故事，都是非常有趣的。新发明受到地缘政治历史的影响，它们一般聚集于城市和贸易中心。但长期来看，它们终究无法忍受界限与民族特性，在联系更加紧密的当今世界更是如此。

我一直努力坚持这一关注点，因为，在这些界限之内，我在此书写的历史才会在其他方面尽可能广博详尽。例如，人类的声音最终得以捕获并传导，讲述这一故事并不仅仅涉及几个才华横溢的发明家，比如爱迪生和贝尔，他们的名字每个小学生都已经倒背如流。这一故事同样还涉及 18 世纪人耳解剖图、"泰坦尼克"号的沉没、民权运动，以及一只破碎的真空管奇特的声学特性。这种方法，我称其为"变焦"历史：在解释历史性变革的同时，考察社会经验的各种尺度——从耳膜的声波震动，一直到大众政治运动。将历史叙述保持在个人或民族维度，这样做也许更具直觉性；但在某个基本层面上，维系于这类界限之间的历史其实并不精确。历史产生于原子层面，产生于行星气候变化层面，产生于全部及相互之间的层面。如果我们想了解完整而确凿的历史，我们需要一种解释性的方法，能够公平对待所有不同的层面。

物理学家理查德·费曼（Richard Feymann）曾以相似的口吻描述了美学与科学的关系：

　　我有一位画家朋友，有时候我不是特别赞同他的观点。他会拿起一枝花说："你看，这花多漂亮啊。"对此我表示赞同。然后他又说："作为一个画家，我能够看出这花有多漂亮；而你作为一个科学家，会把它分解开来看，这样就变得毫无趣味了。"我觉得他疯疯癫癫的。首先，我相信，他能够看到的美别人也能够看到，当然也包括我。在审美感觉上，也许我没有他那么精妙雅致……但我也能领略到花朵的美丽。同时，从这朵花上，我能看出的东西远比他看到的多。我能想象它里面的细胞，有着复杂的运动，这也体现出一种美。我是说，不仅有这一维度，亦即一厘米之外的美，同时还有更小维度，例如其内部结构和处理方式上的美。花朵进化出现的颜色，是为了吸引昆虫为其授粉，这也非常有趣。这说明昆虫能够看到花朵的颜色。这带来了额外的问题：这种美感也同样存在于更低等的生物形式上吗？为什么它具有美感？所有这些有趣的问题展示了一种科学知识，只会增添这种兴奋，增添花朵的神秘感和敬畏感。这只会增加美，我不理解怎么会减少美。[2]

伟大的发明家或科学家孜孜以求，最终提出某个革命性的想法，这样的故事无疑引人入胜，例如伽利略与其天文望远镜。但是，还有另外一个更深刻的故事值得讲述：制造镜片的创新能力，又是如何同样依赖于二氧化硅独特的量子力学特性以及君士坦丁堡的没落。从这样的变焦视角来讲述这一故事，并不会减少侧重于伽利略的天才的传统叙述的魅力，而只会增加其魅力。

加利福尼亚州马林县

2014 年 2 月

第一章　玻璃

HOW WE GOT
TO NOW

大约 2 600 万年以前，利比亚沙漠上的沙砾出现了某种变化，这片暗淡荒凉、极其干旱的地形标志着撒哈拉沙漠的东部边缘。我们无法确切知道究竟发生了什么情况，能够肯定的是，当时天气炎热。在至少 1 000 度高温的炙烤下，二氧化硅颗粒逐渐软化，融合在一起。它们形成的二氧化硅化合物具有一些奇特的化学特性。就像水（H_2O），它们在固态下形成晶体，而受热时则熔化成液体。但是，与水相比，二氧化硅的熔点要高得多，超过 260 摄氏度，而不是水的熔点零摄氏度。但是，二氧化硅真正的奇特之处，却是它在冷却后发生的变化。如果温度再次降低至最初水平，液态水很快就会再次形成冰晶。但是，由于某种原因，二氧化硅却无法重新排列成井然有序的晶体结构。相反，它形成了一种新的物质，介于固体与液体之间的一种奇怪的中间状态。这种物质，自文明的曙光初现之时，人类就对它痴迷不已。当这些过热的沙砾在低于熔点时冷却下来，一大片利比亚沙漠覆盖上了一层我们今天称之为"玻璃"的东西。

大约一万年以前，至多相差几千年，有人在穿越这片沙漠时，不小心被一大片这种玻璃绊倒了。我们对这片玻璃所知不多，只知道任何接触过它的人，都对它留下了深刻的印象，因为它流通于早期文明的各种市场与社会网络之中，直到最终被雕刻成圣甲虫的形状，成为一枚胸针的中心装饰。它就这样安静地待了 4 000 年，直到 1922 年考古学家勘察一位埃及统治者的陵墓时，它才重见天日。尽管困难重重，这一小片二氧化硅跋山涉水，从利比亚沙漠最终进入了法老图坦卡蒙（Tutankhamun）的陵墓。

在罗马帝国鼎盛时期，玻璃首次从饰品被转化为一种先进技术，当时玻璃制造商想出了很多办法，能够将这种物质做得更加结实而又不那么模糊不清，品质超过了那些自然形成的玻璃，例如法老图坦卡蒙的圣甲虫。这一时期玻璃窗被首次建造出来，为现在全世界耸立于城市天际线上微光闪烁的玻璃大厦打下了基础。饮酒的视觉审美也随之出现，人们把酒盛在半透明的玻璃器皿中饮用，也把酒装在玻璃瓶中贮存。但是，从某种程度上讲，玻璃的早期历史相对容易预测：手工艺人想出办法，如何将二氧化硅熔合成饮用器皿或窗玻璃，一如我们今天凭直觉与玻璃联系起来的那类典型用途。直到下一世纪，另外一个伟大的帝国灭亡之后，玻璃才变成了今天的样子。在全部人类文化中，玻璃是更具通用性、变化更大的材料之一。

1204 年，君士坦丁堡的沦陷是极具震撼力的历史事件之一，影响波及全球。王朝起起落落，军队潮涌潮退，世界版图一再改写。但是君士坦丁堡的陷落同时还引发了一个表面看来无足轻重的事件，这一事件迷失于宗教与地

半宝石和玻璃料金珐琅胸针，中央是象征复活的带翼圣甲虫。出土自图坦卡蒙陵墓。

公元 1—2 世纪的盛放软膏和药膏的玻璃器皿，属罗马文明，约 1900 年出土。

缘政治统治重组的巨大洪流中，也被当时绝大多数历史学家所忽略。一小群来自土耳其的玻璃制造商西渡地中海，最后在威尼斯定居下来，做起了老本行；[1] 威尼斯由亚得里亚海岸上的沼泽地发展而来，成为一座欣欣向荣的新城市。

这只是由君士坦丁堡陷落而引发的上千起移民事件之一，但回顾几个世纪的历史时，人们发现这是最具意义的重大事件之一。他们定居在威尼斯的水道和蜿蜒曲折的街道上，这在当时无疑是世界上最重要的商业贸易中心；他们吹制玻璃的手艺很快创造了一种全新的奢侈品，全城的商人都乐于向全世界兜售。但是，尽管利润丰厚，玻璃制作也不是全无风险。二氧化硅的熔点很高，要求熔炉的燃烧温度接近 1 000 度，而威尼斯这座城市却几乎完全是以木质结构建造的。（经典的石质威尼斯宫殿在其后几个世纪才开始建造。）玻璃制造商给威尼斯带来了新的财富来源，但也带来了一个不那么受欢迎的习惯，就是动辄将临近街坊烧个精光。

市政府既想保留玻璃制造商的手艺，又想维护公共安全，于是在1291年再次将玻璃制造商流放他乡。[2] 但这次他们的旅程很短，目的地就在距威尼斯潟湖一英里之外的穆拉诺岛。不经意间，威尼斯的总督创建了一个创新中心：他们将这些玻璃制造商集中在一个城市社区般大小的独立岛屿上，由此引发了一股创新的风潮，诞生了一个被经济学家称为"信息溢出"（information spillover）的环境。穆拉诺岛人口密集，因此新思想在整个地区得以快速流通。在某种程度上，这些玻璃制造商同时也是竞争对手，但是他们的家族谱系也紧密地交织在一起。群体之中偶有个别的艺术巨匠出现，他们的天赋或技能超出其他人，但总体上，穆拉诺岛天赋属于一项集体事务：它由群体共享，同时又有竞争压力。

一幅 15 世纪的威尼斯地图局部图，中央为穆拉诺岛。

　　到了下一个世纪的头几年，穆拉诺岛已经成为远近闻名的"玻璃岛"，它出产的华美花瓶和精致玻璃器皿，在整个西欧变成了身份的象征。（今天，玻璃制造商仍然在从事他们的老本行，他们中的很多人属于最初从土耳其移民而来的那些家庭的直系后代。）它不完全是某个可以在现代社会直接复制的模式：指望将这一创意阶层带到他们城市里去的市长们，或许不应该考虑将玻璃制造商野蛮流放，将人限制在某个区域，形同被判了死刑。但是，不知何故，这种方式竟然成功了。穆拉诺岛的玻璃制造商安杰洛·巴洛维亚（Angelo Barovier）用不同的化学成分反复进行实验，最终找到了富含氧化钾和锰的海藻。[3]他将海藻烧成灰，然后将这些原料加入熔融的玻璃液。这一混合物冷却之后，就产生了一种异常晶莹剔透的玻璃。它很像最纯净的岩石水晶石英，于是巴洛维亚称之为"克里斯塔洛"（cristallo），即水晶玻璃。这就是现代玻璃的起源。

像巴洛维亚这类才华横溢的玻璃制造商能够将玻璃做得清澈透明，然而我们无法从科学上理解，为何直到20世纪玻璃才变成透明的。大多数材料会吸收光能。在亚原子层面上，电子围绕着原子核旋转，"吞噬"迎面而来的光子的能量，使电子获得能量。但是，电子只能不连续地（即量子）获得或失去能量，从而在各能级间跃迁。但是这些能级因材料的不同而各异。二氧化硅恰巧能级差很大，这就意味着从单个光子而来的能量不足以使电子跃迁，而达到更高能级。相反，光会穿透这种材料。（然而，大多数紫外线没有足够的能量可被吸收，因此我们通过玻璃窗晒太阳，却不会被晒黑。）但是光不是简单地穿透玻璃；它还能发生弯曲、变形，甚至分解为组成它的单色光的波长。通过精确的方式将光折射，人类可用玻璃来改变世界的面貌。与简单的透明化相比，这样做最终证明更具有革命性。

在12世纪和13世纪的修道院里，修道士们在烛光照明的房间里苦读宗教抄本，使用一种弧形玻璃块来辅助阅读。他们手持这种笨重的放大镜掠过书页，以便放大拉丁语经文。没有人确切知道这件事发生的时间和地点，但是大约这个时期在意大利北部的某个地方，玻璃制造商发明了一个新事物，之后它将改变我们观察这个世界的方式，或者至少使我们眼前的世界看起来更清楚：将玻璃做成中央突起的小圆片，给每块圆片镶上框，然后在顶部将两个镶框连接起来，这样就造出了世界上第一副眼镜。

这种早期的眼镜被称为 roidi da ogli，意为"眼睛用的圆片"。由于它们看起来像扁豆，于是小圆片本身逐渐得名为"镜片"。①几个世纪以来，这种制作精巧的新设备几乎成了修道士学者的专用仪器。⁴当时，老视这一问题在人群中普遍存在，但是大多数人并不知道他们有此毛病，因为他们不读书。对一名修道士而言，他需要在烛光摇曳中苦心孤诣，将卢克莱修的著作翻译过来，这时对眼镜的需求就是显而易见的了。但对普罗大众而言，他们中的绝大多数人目不识丁，因而在日常事务中几乎没有机会辨认文字这类微小形状。人们看不清近处的东西；他们也没有任何实际的理由发现自己患有老视。因此，眼镜一直是珍稀而昂贵的东西。

当然，改变这一切的，就是 15 世纪 40 年代古腾堡发明的印刷机。图书馆里研究印刷机影响力的历史文献已是汗牛充栋，大家耳熟能详的，是马歇尔·麦克卢汉（Marshall McLuhan）将这项发明称为"古腾堡星系"。识字率显著提高；颠覆性的科学与宗教理论包围了正统信仰的官方渠道；长篇小说和印刷的色情文学这类大众休闲读物，已经变得随处可见。但是古腾堡这一伟大的突破还有另外一个不是很有名的影响：它使大量的人群第一次意识到，原来他们看不清近处的事物。这一发现促使人们对眼镜的需求激增。

接下来发生的，就是蜂鸟效应在现代社会非同凡响的事例之一。古腾堡使印刷出来的书籍相对便宜，便于携带，这就引发了人们文化水平的提高，接着暴露了民众中相当一部分人存在视觉辨识能力的缺陷，然后又为眼镜的生产创造了新市场。古腾堡的发明问世一百年内，⁵整个欧洲成千上万的眼镜

---

① 扁豆的拉丁文为 lentes，镜片的英文为 lens，二者类似。——译者注

一幅表现一名戴眼镜的修道士的最早图像，绘制于 1342 年。

制造商如雨后春笋般涌现，自新石器时代人类发明衣服以来，眼镜成为第一项先进技术，普通百姓平常也能够佩戴。

但是，共同进化之舞并没有就此止步。就像开花植物的花蜜促使蜂鸟进化出一种新的飞行方式，涨势迅猛的眼镜市场所带来的经济诱因，又催生了一系列新的技能。欧洲不仅各种镜片琳琅满目，与镜片相关的新思想也是层出不穷。多亏了印刷术，一夜之间，欧洲大陆上到处都是眼镜专家，他们精通如何让光线穿过轻微凸起的玻璃片。这些人是首次光学革命中的技术狂人。他们的实验将会开启视觉历史上完整的新篇章。

15 世纪的眼镜。

1590 年，在荷兰小镇米德尔堡，眼镜制造商汉斯·詹森（Hans Janssen）和查哈里亚斯·詹森（Zacharias Janssen）父子俩用两个镜片做实验，他们没有将镜片像眼镜那样并排放置，而是将两个镜片叠合起来，结果发现他们看到的物体被放大了，就这样发明了显微镜。70 年后，英国科学家罗伯特·胡克（Robert Hooke）出版了他开创性的插图本《显微制图》（*Micrographia*），书中配有美轮美奂的手绘图像，再现了胡克通过他的显微镜看到的各类事物。胡克观察了跳蚤、木头、树叶，甚至他自己的冷冻尿液。他最有影响力的发现，却来自他的一次实验。他从软木塞上切下一小片薄片，然后通过显微镜镜头观察它。"我能够清楚地看到它的构造疏松而多孔，很像一个蜂巢。"胡克写道，"但是它的孔隙不规则，所以在这些细节上，它又不像蜂巢……这些孔隙，或者说修道院的单人小屋，不是很深，但却是由非常多的小方框组成的。"在这句话里，胡克给生命的基本结构单元取了一个名字——细胞①，由此引发了科学和医学上的一场革命。不久后，显微镜将揭示肉眼看不见的细菌和病毒群体——它们既维持人类生命又对其造成威胁，反过来又导致了现代疫苗和抗生素的发现。

显微镜花了将近三代的时间，才产生真正具有变革能力的科学；但是，由于某种原因，望远镜引发变革却更为快速。显微镜发明 20 年后，包括查哈里亚斯·詹森在内的一群荷兰眼镜制造商，几乎同时发明了望远镜。[据说，他们中的汉斯·利伯希（Hans Lippershey）在观看他的孩子们玩镜片的时候，

---

① 细胞（cell）一词来源于拉丁语cella，意为"修道院的单人小屋"。罗伯特·胡克在这里最先使用该词作为描述性术语来表述最小的生物组成结构，这个名词就此诞生。当时罗伯特·胡克所看到的细胞只是细胞壁，还不是现在所定义的细胞。细胞学说是由德国生物学家马蒂亚斯·雅各布·施莱登（Matthias Jakob Schleiden）和泰奥多尔·施旺（Theodor Schwann）分别在 1838 年和 1839 年提出。——译者注

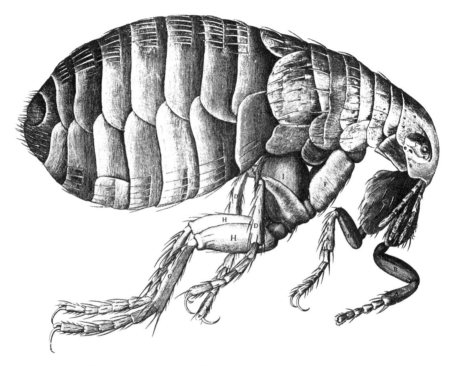

跳蚤（雕版图像来自罗伯特·胡克的《显微制图》，伦敦）。

突发灵感，产生了这个想法。][6] 利伯希是第一个为此申请专利的人，他这样描述这种设备："可用于观察远处的事物，仿佛近在眼前。"不到一年，伽利略听说了这种神奇的新设备，对利伯希的设计加以改进，达到了将正常视觉放大 10 倍的效果。1610 年 1 月，也就是利伯希取得专利权之后仅仅两年，伽利略使用望远镜观察到卫星围绕木星旋转，这对认为所有天体都围绕地球旋转的亚里士多德范例提出了真正的挑战。

与古腾堡的发明相比，我们发现历史是何其相似。由于种种原因，长久以来，它一直与科学革命相关。类似伽利略的所谓异端分子所写的各种小册子或文章，能够超出教会严格的限制而使其思想得以传播，最终削弱了权威；同时，自古腾堡版《圣经》①发行之后，经过几十年的演变，引用和参考已经变成一种应用科学方法的基本工具。但是，古腾堡的创新以另一种不太为人所熟知的方式推进了科学前进的步伐：它扩展了镜片设计以及玻璃自身的可能性。有史以来，人类第一次可以借助二氧化硅这种奇特的物理特性，不仅能够看到我们已能用肉眼看到的物体，而且能够看到超越了人类视觉自然局限的物体。

镜片还将继续在 19 世纪和 20 世纪的媒体中扮演关键的角色。摄影师首次利用它将光线聚焦于经过特殊处理的能捕捉图像的纸上，然后电影摄制者也首次利用它记录及随后放映活动的画面。从 20 世纪 40 年代开始，我们开始给玻璃涂上一层荧光粉，然后向其发射电子，这样就产生了令人着迷的电视图像。在短短几年内，社会学家和媒体理论家宣称，我们已经变成了一个"图像社会"，学识渊博的古腾堡星系让位于电视屏幕的幽幽蓝光和好莱坞的热门大片。这些转变出现于各式各样的新事物和材料中，但是，所有的转变都以这样或那样的方式依赖于玻璃传送光、处理光的独特能力。

无可否认，现代镜片的故事及其对媒体的影响不是特别令人惊奇。从最初的眼镜镜片，到显微镜的镜片，再到相机的镜头，有一条直觉的线索可供探寻。然而，玻璃还将证明它具有另外一种奇特的物理特性，这是甚至连穆拉诺岛的玻璃吹制巨匠也未能开发出来的。

作为一名教授，物理学家查尔斯·弗农·波伊斯（Charles Vernon Boys）显然很糟糕。威尔斯（H. G. Wells）曾在英国皇家理学院短时间做过波伊斯

---

① 古腾堡版《圣经》，1456 年前由古腾堡排印的拉丁文《圣经》。——编者注

罗伯特·胡克设计的早期显微镜。拍摄于 1665 年。

的学生，后来威尔斯这么描写他："他是最差劲的老师之一，总是背对极不耐烦的听众……（他）把黑板搞得一团糟，飞快讲完一个小时的课，然后急不可待地赶回他私人房间的仪器旁边。"[7]

但是，波伊斯在教学能力上的欠缺，自有他在实验物理方面的天赋加以弥补，他擅长设计和建造科学仪器。1887 年，作为他物理实验的一部分，波伊斯想要制作一个精致的玻璃片，以便测量微妙的物理力作用于物体后的效果。他想到一个办法，就是可以使用一种细小的玻璃纤维作为平衡臂。但是首先他得做一个这样的东西出来。

当一个领域内的一项创新暴露了其他某项技术（如书籍印刷、我们自身解剖结构）的缺陷时，后者只能通过另外一门学科完全纠正过来。但有时由于某种不同的突破，同样会达到这种效果：例如我们测量能力的显著提高，以及我们在测量工具的制作方面明显的改善。新的测量方法几乎总是暗示着新的制作方法的出现。波伊斯的平衡臂就是如此。但在创新史上波伊斯之所以如此不同凡响，是因为他在探索新的测量设备时使用了一种显然非正统的工具。为了制作玻璃细线，波伊斯在他的实验室里建造了一座石弓，并为之制作了轻巧的箭矢（弩箭）。他将封蜡的玻璃棒的一端系在一根弩箭上，加热玻璃直至软化，然后发射弩箭。弩箭朝着目标呼啸而去，从黏附在石弓上的熔化玻璃拖出一条纤维尾巴。在一次发射中，波伊斯得到了一根将近 90 英尺长的玻璃线。

"如果以前有某个善良的精灵向我许诺，我可以得到任何我想要的东西，那我向她要的东西，一定会有众多珍稀的特性，就像这些纤维一样。"[8]后来波伊斯也许会这样描述。然而，最不可思议的是，这种纤维异常坚固，与同样规格的钢绳相比，它的坚固耐用程度即便没有超过钢绳，至少也毫不逊色。

站在实验室里的查尔斯·弗农·波伊斯，拍摄于 1917 年。

几千年来，人类一直在利用玻璃的美丽与透明，同时承认它总是易碎的。但是波伊斯的石弓实验表明，这种用途广泛、令人称奇的材料，它的故事再次出现了转折：我们可以利用玻璃的强度。

到下个世纪中叶，人们把玻璃丝绕在一起，做成一种神奇的新材料，名叫玻璃纤维。它的身影随处可见：住宅隔热设备、服装、冲浪板、豪华游艇、防护帽，以及现代电脑里连接芯片的各种电路板。空客公司的旗舰机型A380是全世界最大的商用飞机，它的机身就是用铝和玻璃纤维的复合材料制成的，和传统的铝制机壳相比，它的抗疲劳和抗损坏性能大幅提高。具有讽刺意味的是，大多数这类应用都忽视了二氧化硅能够传送光波的奇特性能：在外行人看来完全不能用玻璃来制造的东西，其实大部分都是用玻璃纤维制造的。在玻璃纤维创新的头几十年里，人们重视其非透明性很好理解。让光通过窗玻璃或镜片确实有用，但你为何要让光通过比人类头发粗不了多少的纤维呢？

只有当我们开始考虑把光用作一种对数字信息进行编码的方式时，玻璃纤维的透明性才成了一项优点。1970年，康宁玻璃厂（Corning Glassworks，它是现代的穆拉诺岛）的研究员研发了一种玻璃，它是如此的晶莹剔透，即便你把它做得像一辆巴士那么长，看上去仍然像普通的窗玻璃一样透明。（今天，经过进一步的改良，这种半英里长的玻璃，也能达到同样的透明度。）后来，贝尔实验室的科学家们将激光束发射到这种超白玻璃纤维上，使响应0和1二进制码的随机信号上下波动。密集而有序的激光、超白玻璃纤维，这两项表面看来毫无关联的发明的组合，就是后来为人所熟知的光纤技术。使用光纤线缆传输电信号，效率远远高于通过铜质线缆传输电信号，在长距离通信上更是如此：与电能相比，光能的带宽大得多，而受噪声和干扰影响的敏感度则低得多。今天，全球互联网的支柱就是用光纤线缆架设的。大约十条不同的线缆横贯大西洋海底，承载着各大洲之间几乎所有的语音和数据通信传输。每条线缆都包含一批不同的光纤，裹以层层钢和绝缘材料以便防水，以及免遭拖网渔船、船锚甚至鲨鱼的破坏。每条单独的光纤比一根稻草还细。这看起来似乎不可能，但事实上，北美和欧洲之间所有的语音与数据流交换，你都可以一把握在手中。一千项创新合在一起，才使这一奇迹成为可能：我们需要先有数字数据本身的大致概念，需要发明激光束，需要有线缆两端能够传输和接收信息流的电脑，更不用说还需要有铺设和维修线缆的船只。这些奇怪的二氧化硅纽带，再次证明是这一故事的核心。我们的万维网完全是由玻璃线编织而成的。

想象一下 21 世纪初期这一标志性的行为：假期中的你站在异国他乡的某个风景点，用手机咔嚓一声拍张自拍照，然后将照片上传到 Instagram①或推特网（Twitter），你的照片由此流传到了全世界某些人的手机和电脑上。我们习惯于称赞这些新事物，是它们将这一行为几乎变成了我们现在的第二天性：数字电脑小型化，变成手持设备；互联网和网页的创建；社交网络软件的交互界面。我们几乎不会意识到，是玻璃在支撑着整个网络：我们用玻璃镜片拍照，将其储存并控制在玻璃纤维制成的电路板中，通过玻璃线缆将其传输至全世界，然后在玻璃制成的屏幕上欣赏它们。整个链条中二氧化硅的身影无处不在。

拿我们喜欢自拍的天性开开玩笑比较简单，但事实上，在自我表现的形

---

① Instagram 是一款最初运行在 iOS 平台上的移动应用，以一种快速有趣的方式让你将随时抓拍到的图片分享给他人。——编者注

式背后，却有一段漫长的、充满传奇色彩的传统。文艺复兴时期和早期现代主义最受推崇的艺术作品，其中一些就是自画像；[9]从丢勒（Dürer）到列昂纳多（Leonardo），再到伦勃朗（Rembrandt），一直到凡·高（van Gogh）和他缠着绷带的耳朵，画家们痴迷于在画布上描绘他们毫发毕现、千姿百态的自身形象。以伦勃朗为例，他一生大约画了40幅自画像。但是，自画像有趣的地方在于，在1400年之前，实际上它并不属于欧洲的一个艺术传统。人们画风景、画宫廷场景、画宗教场景，以及其他一千种题材，但是他们并不画自己。

人们对自画像的兴趣大增，其实是我们在掌控玻璃的能力上取得技术性突破的一个直接后果。时光倒退到穆拉诺岛，当时的玻璃制造商想出一个办法，将他们水晶般透明的玻璃和冶金学上的一项发明结合起来，在玻璃的背面涂上一层锡和汞的混合物，这样就产生了一个光亮耀眼的高度反光面。[10]有史以来第一次，镜子成为日常生活必不可少的一部分。这是最隐秘层面的大曝光：在镜子出现之前，普通人一辈子也许也没有真真切切地见过自己的脸长什么模样，而只是在水池或抛光的金属上看到过自己支离破碎、扭曲变形的样子。

镜子看起来如此神奇，以至于它们很快被收罗到多少有些怪异的神圣仪式中。在朝圣的路途上，家境宽裕的信徒会随身携带一面镜子，这已经成为一种司空见惯的事了。参观圣者遗骨时，他们会调整姿势，以便通过镜子的反射看清圣者的骨头。回家以后，他们会拿镜子向亲戚朋友们炫耀，吹嘘说，他们捕捉到了神圣场景的映像，这样就把圣者的实物证据带回来了。古腾堡在转向印刷术之前，曾经有过创业的想法，打算制造小镜子，贩卖给准备动身回家的信徒。

但是，镜子的显著影响力将是世俗的，与神圣无关。菲利波·布鲁内列斯基（Filippo Brunelleschi）利用镜子发明了绘画中的直线透视法，他画了佛罗伦萨受洗堂的映像，而不是直接看到的画面。在文艺复兴晚期的艺术中，镜子占据了重要的位置。它们潜藏于绘画中，其中以迭戈·委拉斯凯兹（Diego Velázquez）的反转杰作《宫娥》（*Las Meninas*）最为著名。这幅画表现画家本人（和其他王室成员）正在给西班牙国王菲利普四世和王后玛丽安娜画像的场景。整个画面是以两位王室成员的视角来表现的，他们正坐着接受画家给他们画像；毫不夸张地说，这是一幅关于绘画行为的画。国王和王后只是在画布的一小块地方可见，就是在委拉斯凯兹本人的右手边：两个又小又模糊的形象，反映在一面镜子里。

镜子作为一种工具，成了画家的无价之宝，现在他们可以以更真实的方式描绘他们身边的世界，包括他们自己面部的详细特征。列昂纳多·达·芬奇（Leonardo da Vinci）在他的笔记本中这样说道（当然，他是用镜子来写下他具有传奇色彩的反写手法的）：

> 要是你想看看你的画作的整体效果，是不是切合你想要表现的代表自然的客观物体，那么你就拿一面镜子来，用它反映出真实的物体，然后将此映像和你的画作对比，仔细揣摩这两个表现对象是否一致，尤其需要研究镜子里的形象。应该以镜子为准则。[11]

历史学家艾伦·麦克法兰（Alan MacFarlane）论及玻璃在塑造艺术视角方面所扮演的角色时，这样写道："整个人类似乎都患上了某种系统性的近视，它使我们不可能看见，特别是去表现这个精确而清晰的自然世界。人类通常是以象征性的眼光看待自然的，将其看作一整套符号……具有讽刺意味的是，玻璃所做的，就是要消除人类视野的盲点，抚慰扭曲的心灵，由此带入更多的光明。"[12]

迭戈·委拉斯凯兹的反转杰作《宫娥》。

　　玻璃镜片让我们能够将视野延伸至星空或只有通过显微镜才能看到的细胞，就是在这一刻，玻璃镜子也让我们第一次能够看清自己。它开启了社会重新定位的序幕，与望远镜引发的重新定位我们在宇宙中的位置相比，前者更微妙，但变革性毫不逊色。"世界上最有权势的王子创建了一个巨大的镜厅，在资产阶级家庭，镜子从一个房间蔓延至另一个房间。"[13] 刘易斯·芒福德

（Lewis Mumford）在他的《技术与文明》（*Technics and Civilization*）一书中写道："自我意识、自我反省、对镜交谈，这些都跟随这一新事物本身而发展起来。"社会习俗、财产权以及其他法律惯例开始围绕个人，而不是围绕更古老、集体性更强的单元建立，如家庭、部落、城市、王国。人们开始描述他们内心的生活，并严格地进行自我审察。哈姆雷特在舞台上冥思苦想；这部小说主要采取讲故事的形式，以无与伦比的深度探索主人公内在的精神世界。阅读一部小说，特别是以第一人称讲述的故事，是一种概念上的小把戏：与任何已有的审美形式相比，小说让你更加真切地体验到别人的意识、思想和情感。从某种意义上讲，当你想读心理小说，其实就是你开始花费生命中一段有意义的时间，凝视镜中的自己。

这种转变在多大程度上应该归功于玻璃？有两方面不可否认：镜子发挥了直接的作用，让画家们能够给自己画像，并且发明了透视法作为一种正式的手段；此后不久，欧洲人的意识发生了根本性的转变，他们以新的方式围绕自我确立自身的价值，这一转变将在全世界引起连锁反应（而且至今余波未平）。毫无疑问，多种合力使这一转变成为可能：以自我为中心的世界很契合现代资本主义的早期形式，后者在威尼斯和荷兰这些地方蓬勃兴盛（荷兰是内省型艺术大师丢勒和伦勃朗的故乡）。同样，各种不同的力量互为补充。玻璃镜子是最初的高科技家庭装饰品之一，而一旦我们凝视镜中的自己，我们会发现自己很不一样，这样又激励了市场机制，使其乐于向我们兜售更多的镜子。确切地说，文艺复兴并不是由镜子造就的；但是，它和其他社会力量一起卷入了一个积极的反馈循环，而且它的反射光的非凡性能强化了这些力量。这就是机器人历史学家的视角，它让我们看到，技术并不是文艺复兴这类文化转型的唯一原因；但是，在很多方面，和那些我们惯常送上赞美的远见卓识者相比，技术的因素同样举足轻重。

麦克法兰在描述这种因果关系时措辞巧妙。镜子并没有"迫使""文艺复兴"产生；它"听任""文艺复兴"产生。授粉者精巧的生殖策略并没有迫使蜂鸟去进化出它惊人的空气动力学特性；它创造了各种条件，通过进化出一种独特的特性，听任蜂鸟利用花卉的免费花蜜。在鸟类王国中，蜂鸟显得如此独特，说明如果花卉没有和昆虫进化出共生性舞蹈，那么蜂鸟的悬空特技也绝不会出现。一个只有花卉而没有蜂鸟的世界不难想象，但是一个没有花卉而有蜂鸟的世界却几无可能。

镜子这类的技术进步同此道理。如果没有某种技术使人类能够把现实世界包括他们自己的脸面看得清清楚楚，那么，我们称之为"文艺复兴"的艺术、哲学与政治思想大荟萃要想出现，也许远没那么容易。（大致在同一时期，日本文化高度推崇钢镜，但却没有采纳它在欧洲蓬勃兴盛的内省式用途。部分原因或许是因为钢镜反射的光远比玻璃镜反射的少，而且钢镜给镜中的形象增添了一些非自然的色彩。）然而，镜子并没有专门规定自我意义上的欧洲变革的条件。一种不同的文化，在其历史发展过程中的某个不同节点上发明了精致的玻璃镜，或许不会经历同样的知识革命，因为它的社会秩序的其余部分不同于 15 世纪意大利的山村小镇。文艺复兴同样受益于一种资助体系，它能够让艺术家和科学家有时间尽情摆弄镜子，而无须为日常的衣食担忧。文艺复兴若是没有美第奇家族[①]，就像文艺复兴没有镜子一样难以想象；当然，这里的美第奇不是指这一个家族，而是指它所代表的经济阶层。

---

① 美第奇家族，是意大利佛罗伦萨 13 世纪至 17 世纪在欧洲拥有强大势力的名门望族。最大的成就在于艺术和建筑方面，对文艺复兴起了很大的促进作用。这个家族与文艺复兴的三圣——达·芬奇、米开朗琪罗、拉斐尔渊源很深，赞助过多位艺术天才。——编者注

有一点或许应该说明一下：一个关注个体的社会是否值得提倡，其实还是个颇具争议的问题。围绕个体建立的法律体系，直接导致了整个人权传统的产生，并且在法律规范上凸显了个体的自由。这当然是一种进步，但理智的人会说，天平其实已经完全倾向于个人主义方向，而偏离了集体组织，如工会、社区、国家。要想解决这些争议，我们需要解释争议由何而来，但更重要的是，需要有一套不同的论据，甚至价值观。镜子以某种真实而无法度量的方式，帮助构建了现代个人主义。对此我们应该表示赞同。从最终结果来看，这是否是件好事，则是一个单独的问题，也许永远无法获得最终解决。

夏威夷大岛（Big Island）上的休眠火山莫纳克亚（Mauna Kea）超出海平面将近 4 300 米，但它同时向海底延伸将近 6 000 米，以基底到顶峰的高度而言，它的高度远远超过珠穆朗玛峰。全世界只有寥寥几处你能够驱车几小时从海平面直达 4 300 米高的地方，莫纳克亚就是其中之一。顶峰上怪石嶙峋，寸草不生，一片死寂，仿佛火星表面。逆温层通常使云雾保持在火山顶峰之下几千英尺的地方，空气稀薄而干燥。只要你双脚不离开大地，你所站的这个山顶，就是你距离各大洲最远的地方；也就是说，夏威夷周围的空气，就像这颗星球上任何地方的空气一样稳定。虽然太阳能从各块不同的大陆反弹回来或者被它们所吸收而产生气流，却不会对其造成影响。所有这些特性，使得莫纳克亚山顶成为你能够拜访的几处世外桃源之一，也是你观赏星星的绝佳之地。

今天，莫纳克亚山顶挤满了 13 个各不相同的天文台，巨大的白色穹顶散落在红色岩石上，就像遥远星球上闪烁的前哨基地。在这群天文台中，就有凯克天文台的两台一模一样的望远镜。它们是地球上最强大的光学望远镜。凯克望远镜看来像是汉斯·利普西的直接分支，只是它们不依靠镜片变魔术。要想捕捉到从宇宙的遥远角落发射而来的光，你需要有皮卡货车那么大的镜片；而这种规模的镜片很难制造，并且无可避免会使图像失真。因此，凯克的科学家和工程师利用了另一项技术来捕捉极其微弱的光，那就是镜子。

每个望远镜有36块六边形的镜子，它们一起组成了一面20英尺宽的反光布。光反射在第二面镜子上，进入一套仪器，在这里图像经过处理，最终以图像的形式出现在电脑屏幕上。（在凯克，没有所谓的有利位置，谁也不能直接透过望远镜观察，就像伽利略和他之后无数的天文学家所做的那样。）但是，即使是在莫纳克亚上空超稳定的稀薄空气中，小小的气流也会使凯克捕捉到的图像变模糊。因此，天文台使用了一种名为"自适应光学"的巧妙系统，来纠正望远镜中的视野。激光照进凯克上面的夜空，在天上造出一颗人造星星。这颗假星成了一种参照点；因为科学家们明确地知道，要是没有大气造成的失真，天上的激光会是什么样子，所以，通过对比"理想的"激光图像和望远镜的实际显示图像，他们能够获得现存失真图像的测量数据。在大气噪声图的引导下，电脑指示望远镜的镜子根据莫纳克亚当晚上空具体的失真数据，进行轻微的调整。实际呈现的效果完全就像将一副眼镜戴在近视者脸上：远处的物体突然间变得清晰无比。

当然，对凯克望远镜来说，那些远处的物体就是星系和超新星，其中一些距离我们达一万光年之遥。当我们用凯克望远镜的镜子观察它们时，我们是在观察遥远的过去。这样，玻璃再次延伸了我们的视界：不仅仅是深入观察肉眼看不见的细胞和微生物世界，或者照相手机的全球性联系，而且慢慢

凯克天文台。

回溯至宇宙的鸿蒙时代。玻璃一开始是小饰物和中空的器皿。几千年之后，它已经变成一种时间机器，耸立在莫纳克亚顶峰的云端之上。

　　玻璃的故事让我们意识到，我们周围各种元素的物理特性，既能禁锢我们的创造力，也能赋予其强大的力量。当我们想到那些塑造现代世界的实体时，通常会谈及科学与政治上伟大的预言家，或突破性的发明创造，或大规模的集体运动。但是也有一种物质元素参与创造了我们的历史：不是马克思主义所实践的辩证唯物主义（在这一理论中"物质"意指阶级斗争和经济解释的终极首要性）；而是物质的历史，严格意义上的用基本的物质构造单元来塑造的历史，这些构造单元随即与社会运动或经济制度产生了千丝万缕的联系。想象一下，你能够重写大爆炸理论（或扮演上帝，随你怎么想），能够创造一个和我们的宇宙一模一样的宇宙，只有一个小小的不同：硅原子中的那些电子，它们的运行方式完全不同。在这样一个宇宙中，电子像大多数物质一样能够吸收光，而不是让光子穿透它们。这样一个小小的调整，对于距今寥寥数千年的智人①（Homo sapiens）的整个进化史而言无足轻重。但不可思议的是，从此一切都改变了。人类开始以无数不同的方式，来开发这些硅电子的量子行为。在一些基本的层面上，20世纪如果没有透明的玻璃，那是无法想象的。我们现在能够将碳（以20世纪的典型化合物塑料的形式）转变为耐久的透明物质，代替玻璃的用途，但是这项专门技术发明还不到一个世纪。将那些硅电子稍加调整，那你也就剥夺了过去一千年里出现的窗户、眼镜、镜片、试管和灯泡。（如果使用其他反射性物质，优质镜子或许也能被独立发明出来，尽管可能需要多花几个世纪时间。）一个没有镜子的世界不只是会改变文明的面貌，将大教堂的彩色玻璃窗和现代城市景观时髦亮丽的反光表面移除殆尽；一个没有镜子的世界将会动摇现代化进程的根基：认识细胞、病毒和细菌后，人类寿命得以延长；获得基因知识后，明白人何以为人；明白天文学知识后，了解到我们在宇宙中所处的位置。对这些概念性突破而言，地球上没有任何东西比玻璃的影响力更大。

---

① 智人，现代人的学名。——编者注

　　在一封写给朋友的信中，勒内·笛卡儿（René Descartes）谈到他抽不出时间来写一本自然史方面的书，他说自己一直想讲述关于玻璃的故事："仅仅通过'热的'运动强度，就从灰烬中产生了玻璃。在我看来，从灰烬到玻璃的变化，就像任何其他自然现象一样神奇，描写这一现象时我感受到一种特别的乐趣。"[14] 笛卡儿观察到了玻璃的重要性，已经非常接近最初的玻璃革命。倒是在今天，我们距离这种物质的最初影响力已经相当远了，因此反而不能理解玻璃对我们的日常生活来说曾经有多重要，而且这种重要性还将继续下去。

　　就是在这种时刻，变焦手段熠熠生辉，让我们能够看见一些事物；而如果我们只是聚焦于历史叙述中的寻常方面，这些事物我们很可能会视而不见。当然，借助于物理元素讨论历史变革，这种做法并非头一次听说。我们中的大多数人都认可这一观点，即在工业革命时期，碳在人类活动中扮演了极为重要的角色。但在某种意义上，这不算什么新闻：自原始汤①（primordial soup）开始，在生命有机体的进化过程中，碳都起着重要的作用。但是人类一直不太使用二氧化硅，直到一千年以前玻璃制造商开始周游四方，利用玻璃的奇特特性谋生。今天，只要环顾一下你的四周，很容易就会发现，触手可及的范围内不下百种物体，全都依赖二氧化硅而得以存在，甚至直接依赖硅元素本身：门窗或天窗里的玻璃，照相手机中的镜头，电脑的屏幕，以及具有微芯片或电子钟的任何东西。如果你要为一万年以前日常生活中的化学应用挑选主角，你会发现领衔主演和今天一模一样。我们大量利用碳、氢和氧元素。但是，硅很可能不会获得多少荣誉。尽管地球上硅蕴藏量丰富，地

---

　　① 原始汤，来源于20世纪20年代科学家提出的一种理论，认为在45亿年前，在地球的海洋中就产生了存在有机分子的原始汤。——编者注

壳的 90% 都是由这种元素构成的，但是在地球上生命形式的自然代谢中，硅扮演的角色无足轻重。我们的身体依赖于碳，大多数技术（化石燃料和塑料）也依赖碳；但是，对硅的需求才是现代渴求。

问题在于，硅开始被人们所重视，为何花了如此长的时间？这种物质非凡的特性为何完全被自然所忽视？大约一千年之前，这些特性为何突然间又变得对人类社会至关重要？当然，在试图解决这些问题的过程中，我们只能猜测。但是，毫无疑问，有个答案与另外一项技术有关，那就是熔炉。演化史中始终找不到太多关于二氧化硅的利用，一个原因就在于，这种物质大多数真正有趣的特性，只有在超过 1 000 摄氏度的高温下才会呈现。在地球的大气温度中，液态水和碳能够神奇地做到很多具有创造力的事情；但是在你将二氧化硅熔化之前，很难看到它具有同样的创造力，而且地球环境就是无法达到如此高的温度（至少这颗行星的地表情况如此）。这就是熔炉释放出的蜂鸟效应：通过学习如何在一个可控的环境里产生极端高温，我们解开了二氧化硅的分子势能，由此很快改变了我们看待世界以及自身的方式。

玻璃以一种奇怪的方式，一开始就试图扩展我们的宇宙视界，当时我们甚至无法觉察到这一点。从利比亚沙漠最终进入法老图坦卡蒙陵墓的那些玻璃碎片，几十年来一直使考古学家、地理学家和天体物理学家困惑不已。半液态的二氧化硅分子表明，能够使它们成形的，只能是来自于直接的陨石撞击而产生的高温，然而，没有任何证据表明利比亚沙漠附近有过陨石坑。那么，那些特别的高温从何而来？闪电能够击中一小块硅，使其产生制造玻璃所需的热量，但是它不能在一次爆发中击中方圆几英亩的沙漠。于是科学家开始探究另外一种想法：利比亚沙漠的玻璃也许产生于一颗彗星撞击地球大气层，并在利比亚沙漠上空发生了爆炸。2013 年，南非的一位地球化学家詹·克莱默（Jan Kramers）分析了来自利比亚沙漠的一颗神秘的鹅卵石，认为它产生于某颗彗星的彗核，这是地球上首次发现这种物体。科学家和航天局已耗费数十亿美元搜寻彗星颗粒，因为它们能对太阳系的形成提供深刻的启示。现在，来自利比亚沙漠的这颗鹅卵石为他们提供了通往彗星地球化学的直接路径。而自始至终，玻璃都在为我们指引方向。

第二章　寒冷

HOW WE GOT
TO NOW

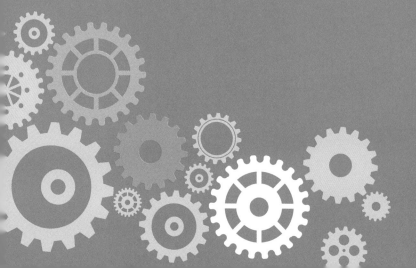

18 34年初夏，一艘名为"马达加斯加"（Madagascar）的三桅树皮船驶入里约热内卢（Rio de Janeiro）的港口，船上装满了最令人难以置信的货物——一个冰冻的新英格兰湖泊。"马达加斯加"号及其船员的雇主是一个胆识过人、坚持不懈的波士顿商人，名叫弗雷德里克·图德（Frederic Tudor）。今天的历史称其为"冰王"，但他在事业的早期阶段却是一个彻底的失败者，尽管他有着顽强的毅力。

"寒冰是一个有趣的主题，适合于沉思默想。"[1]凝视着远处马萨诸塞州池塘晶莹剔透的结冰湖面，梭罗在他的《瓦尔登湖》（Walden）中这样写道。图德就是在默想同样的景色中长大的。他是一个家境殷实的年轻波士顿人，全家住在他们的洛克伍德乡村庄园，长久以来一直很喜欢池塘里结冰的湖水，不仅体验到它的美感，还能体验到它能够给物体降温的持续能力。就像大多数生活在北部气候中的殷实家庭一样，图德一家也将冰冻湖水的冰块贮藏在冰库里，200 磅冰块未曾消融，完好无损，直到炎热的夏季来临；然后一种新的日常生活开始了：将冰削成薄片，让饮料新鲜清爽；制作冰激凌；酷热难耐时给浴缸降温。

在现代人看来，如果不借助于人工制冷技术，想要将一块冰完好无损地保存几个月，几乎是不可能的事情。由于今天众多的深冻冷藏技术，对于无限期保存的冰块，我们已是司空见惯。但是，自然环境下的冰又是另外一回事——除了偶尔出现的冰川，我们认定一块冰在夏季高温下持续不了一个小时，更别说好几个月了。

但是，图德根据个人经验知道，如果让一大块冰远离阳光的照射，完全可以将它一直保存到盛夏——或者，至少也能保存到新英格兰的春末时节。就是这种认知，在他脑海里播下了创新的种子；在他最终富甲一方之前，这一想法害得他失去了理智、财富以及自由。

图德 17 岁时，他的父亲送他踏上了航程，一路陪护哥哥约翰前往加勒比海，当时约翰身患膝关节疾病，实际上已成残疾。家人最初的想法是，那里温暖的气候也许会对他的健康状况有所改善，但事实却相反：抵达哈瓦那（Havana）之后，当地闷热而潮湿的天气令兄弟俩难以忍受。他们赶紧乘船北上，返回大陆，停在萨凡纳（Savannah）和查尔斯顿（Charleston）。然而初夏的炎热跟随而至，约翰病倒了，可能染上了肺结核。六个月后，约翰不治身亡，年仅 20 岁。

图德兄弟俩的加勒比海之旅，本意是想疗养治病，结果却是一场彻头彻尾的灾难。但是，一位 19 世纪的绅士面对无可躲避的热带潮湿气候所经历的悲惨遭遇，却让年轻的弗雷德里克·图德产生了一个极端（有人甚至会说荒

"冰王"弗雷德里克·图德

谬绝伦）的想法：要是他能够想办法将冰从冰天雪地的北方运送到西印度群岛，那一定会有巨大的市场。全球贸易的历史清楚地显示，将一个地方随处可见的某种商品运送到稀缺的另外一个地方去，就会发大财。在年轻的图德看来，冰似乎完全符合这一定律；它在波士顿一文不值，但在哈瓦那却会变成无价之宝。

关于冰块的贸易，其实只是一种直觉，但由于某种原因，在经历哥哥去世的悲痛期间，作为一个年轻有钱人在波士顿社会漫无目的的闯荡岁月，图德对这个想法始终念念不忘。在此期间某个时候，也就是在哥哥去世两年之后，他将自己令人难以置信的计划透露给了弟弟威廉，以及未来的妹夫罗伯特·加德纳，后者更为富有。妹妹的婚礼举行后的几个月，图德开始写日记。他画了一幅洛克伍德庄园的速写作为卷首插图，长久以来，这座建筑庇护着图德一家免遭夏日骄阳的酷热侵袭。他称之为"冰屋日记"。第一页记载的内容如下："将冰运送至热带气候的规划，等等。1805 年 8 月 1 日，波士顿。今天，我和威廉决定把我们所有的财产聚集起来，今年冬天开始着手将冰运送到西印度群岛去。"[2]

这篇日记体现了图德典型的风格：轻快，自信以及略显幼稚的雄心勃勃。（显然，弟弟威廉对这一计划的前景不是那么有信心。）图德在他的计划上的信心，源自冰一旦在热带地区打开市场后的巨大价值。他在随后的一篇日记中写道："有些国家，一年中若干季节里，天气热得让人几乎无法忍受，而普通的生活必需品——水，有时候完全处于一种温热的状态。在这些地方，冰一定会被视为和其他奢侈品同等珍贵的物品。"[3]冰块生意注定会给图德兄弟俩带来巨大的财富，"钱景之大，甚至会让我们不知所措"。[4]他似乎没有充分考虑运输冰可能遇到的挑战。在这一时期的往来信件中，图德转述了一些第三手的故事，其真实性令人怀疑，例如有人将冰激凌原封不动地从英格兰运送到了特立尼达（Trinidad），以此作为初步证据表明他的计划切实可行。现在阅读"冰屋日记"，你能够听到一个年轻人笃信不疑时狂热的呐喊声，它关上了认知的百叶窗，将怀疑和反驳拒之门外。

不管弗雷德里克看起来多么执迷不悟，还是有一件事对他有利：他有办法将他粗线条的计划运作起来。他有足够的钱雇得起船，况且每年冬天大自然都会给他生产源源不断的冰。于是，1805 年 11 月，图德派遣他的弟弟和侄子前往马提尼克岛（Martinique），作为先行官按照图德的指示前去洽谈冰的专有权，这项权利在几个月之后生效。在等待先行官消息的期间，图德花费 4 750 美元购买了一艘双桅船"至爱"号，开始收集冰块，为航程做准备。1806 年 2 月，图德从波士顿港扬帆出航，"至爱"号装载满船的洛克伍德冰块，前往西印度群岛。图德的计划胆大包天，竟然引起了媒体的关注，尽管它们的腔调不是那么令人满意。"可不是开玩笑，"《波士顿公报》（Boston Gazette）报道说，"一艘满载 80 吨冰的轮船驶出港口，前往马提尼克岛。我们希望，这次投机买卖可不要马失前蹄。"[5]

《波士顿公报》的揶揄看来不是毫无根据，然而理由却出乎大家的意外。尽管由于天气原因，轮船多次耽延，但船上的冰在航程结束后形态非常完整。真正的问题却是图德之前从未考虑过的。马提尼克岛的居民对这种充满异国情调的大冰块毫无兴趣，他们实在不知道能用它来做什么。

生活在现代社会里的我们，会自然而然地接受，平常的一天里气温变化幅度较大。早上，我们喜欢喝热腾腾的咖啡；一天将尽时，我们再享受饭后甜点冰激凌。生活中有炎热夏季的我们，期待在有空调的办公室和极度潮湿的环境两者之间来回转换；在寒潮肆虐的地方，我们把自己裹得严严实实的，冒险走向寒冷的街头，到家后赶紧打开恒温器。但是在 1800 年，绝大多数生活在赤道气候中的人们，一辈子也许从未体验过什么叫寒冷。对马提尼克岛的居民来说，冰冻的水就像 iPhone 手机一样稀奇。

冰块神秘而富有魔力的特性，最终将出现在 20 世纪加夫列尔·加西亚·马尔克斯（Gabriel García Márquez）的文学巨著《百年孤独》（*One Hundred Years of Solitude*）的开篇文字中："多年以后，面对行刑队，奥雷里亚诺·布恩迪亚上校将会回忆起父亲带他见识冰块的那个遥远的下午。"布恩迪亚想起童年时，流浪的吉卜赛人举办的一系列集会，每次都会展示一种奇特的新技术。吉卜赛人展示磁铁、望远镜和显微镜，但是，对于虚构出来的南美小镇马孔多的居民来说，这些工程杰作中的任何一项，都不如一块简单的冰那么令人印象深刻。

但是，有时候，某个物体纯粹的新奇性会使它的用途难以被人察觉。这是图德犯的第一个错误。他想当然地认为，冰块绝对的新奇性这一点对他有利。他猜想他的冰块会"打败"所有其他奢侈品。然而事实与之相反，它们迎来的只有茫然困惑的眼神。

人们对冰块神奇魔力的漠视，导致图德的弟弟威廉无法找到这船冰块的独家买家。更糟糕的是，威廉也找不到一个合适的地方来贮藏冰块。图德费尽心思把它带到马提尼克岛，却发现无人想买这一产品；而在热带高温下，它正以令人担忧的速度融化。他在全城张贴传单，附上如何搬运和保存冰块的具体说明，但还是无人问津。他倒是设法做出了一些冰激凌，令少数本地人印象深刻，因为他们不相信这一美味能在距离赤道如此近的地方制作出来。无论如何，这次行动是彻头彻尾地失败了。在日记里，他估算这次倒霉的赤道之行，让他损失了将近 4 000 美元。

马提尼克之旅的惨淡模式在接下来的几年还会一再重复，结果更加惨不忍睹。图德向加勒比海派出了一连串的载冰船，但人们对他这一产品的需求，只有小幅增长。在这期间，他的家族产业崩溃了，图德一家退回到他们的洛克伍德农场。和大多数新英格兰农场一样，洛克伍德的农业前景也是黯淡无光。全家最后只能寄希望于冰块大丰收。但是对这一希望，大多数波士顿人报以公开的嘲笑，而且一系列的船只失事和贸易禁令使人们的嘲笑看起来越来越有理由。1813 年，图德被投入债务人监狱。几天之后，他在日记中这样写道：

> 当月 9 日星期一，我被逮捕……因为负债被关进了波士顿监狱……在我小小的个人史上，这是值得纪念的一天。时至今日，我活了 28 年 6 个月零 5 天。我觉得，这次事件是我无法躲避的。但我确实希望，我能够躲过霉运的顶峰；毕竟，与逆境苦苦抗争了 7 年之后，我的事业终于有了一丝起色。但这件事情还是发生了，我只能打起精神面对它，就当是面对通往天堂的暴风雨，它不会消磨一个男子汉的意志，而只会使他更加坚强。[6]

图德刚起步的事业受困于两个主要的不利因素。首先是需求方面，他的大多数潜在客户不明白他的产品究竟有什么用；再就是储藏的问题，由于高温，他的产品损耗太严重了，在热带地区更是如此。但是，他的新英格兰基地除了盛产冰块以外，还有一个得天独厚的优势。不像美国南部随处可见甘蔗种植园和棉花地，北部各州大部分缺乏销往外地的自然资源。这就意味着船只总是空舱离开波士顿港，驶往西印度群岛，在回到东部沿海地区富庶的市场之前，装上满船价值不菲的货物。付费让船员们驾船空舱出海，实际上就是在烧钱。随便装一船什么货物，总比空舱出海强，这样就意味着图德能够通过谈判争取到一个相对便宜的价格，让对方可以装载他的冰块，而不至于空舱出海。这样也就无须自己购买和保养船只了。

当然，冰块之美，部分在于它基本上是免费的。图德只需付费让工人们从结冰的湖面凿出一块块的冰。新英格兰的经济催生了另外一种同样不值钱的产品，就是木屑——锯木厂的主要废品。图德尝试了各种不同的办法，年复一年，最终发现木屑可以作为冰块绝妙的绝缘体。冰块层层堆放，接触面用木屑隔开，这样保存的冰块比没有采取保护措施的冰块持久时间长出将近一倍。这充分体现了图德精打细算的天赋：他将市场标价几乎为零的三样东西，冰、木屑和空船，变成了一门蒸蒸日上的生意。

图德最初的马提尼克岛之旅是一场灾难，但它说明了一个问题：他需要在热带地区就地储藏冰块，这样他才能控制局面；将时刻在快速融化的产品保存在未经专门设计的建筑物里，来将冰块与热带高温隔绝开来，实在是太危险了。他鼓捣出各种冰库设计方案，最终选定了一种双壳结构，利用两道石墙之间的空气来保持建筑物内部的低温。

图德不懂这里面的分子化学知识，但是木屑和双壳构造都遵循了同样的原理。冰块的融化，需要从周围的环境吸收热量，以打破使冰块呈现为晶体结构的水分子之间的氢键。（冰块从周围的空气中吸收热量，使它具有了一种神奇的性能，能给我们降温。）唯一能产生热传导的地方是冰块的表面，正是由于这个原因，大块的冰保存期很长——所有的冰晶体内部氢键完全隔绝于外部温度。如果你想用某种导热性能良好的物质（例如金属）保护冰块不受外部温度的影响，那么氢键将会断裂，冰很快分解成水。但是，如果你在外部温度和冰块之间创建一个导热性能不佳的缓冲区，那么冰块保持其晶体状态的时间将更长。作为一种导热体，空气的导热性能大约是金属的 1/2000，不到玻璃的 1/20。在图德的冰库里，他的双壳结构创建了一个空气缓冲区，将炎炎夏日的高温阻挡在冰块之外；而轮船上使用的木屑包装，则因在木屑之间有无数的气穴，将冰块与外部隔绝开来。现代绝热体如聚苯乙烯泡沫塑料采用了同样的技术：你外出野餐时携带的冷藏箱，让你能够享受冰镇西瓜，冷藏箱就是用聚苯乙烯链配以细小的气穴制作而成。

到 1815 年，图德最终收集全了冰块难题的各关键环节：采集、绝热、运输和储藏。虽然时常还有人上门讨债，但他开始定期装货，发往他在哈瓦那建造的当时最先进的冰库。在哈瓦那，人们对冰激凌的爱好已经慢慢培养起来了。15 年前，图德突发奇想，现在他的冰块生意终于开始赢利。到 19 世纪 20 年代，在整个美国南部，他的冰库遍地开花，装满了新英格兰冰冻的湖水。到 30 年代，他的船只扬帆远航，直抵里约和孟买。（印度最终成为他最赚钱的市场。）到 1864 年他去世时，图德集聚的财富，按现在的购买力计算，超过 2 亿美元。

1806 年，图德的初次旅行以失败而告终，30 年后他在日记本里写下了如下文字：

> 30 年前，我乘坐"布里格倾心皮尔森船长"号，从波士顿前往马提尼克岛，船上装着我的第一批冰块。去年，我运送了超过 30 船冰块，其他人运送的也有 40 船……这门生意算是站稳脚跟了。现在它已经无法放弃，也不单单依赖某个人而存在。不管我时日无多还是活得长久，人类都将永远享有这一福祉。[7]

图德的事业，尽管屡遭耽搁，但最终却大获成功。在全世界范围内贩卖冰块，在今天的我们看来，这似乎是件不可能的事情，原因不仅仅在于，在经过了从波士顿到孟买的漫长航程之后，冰块还能保存完好，这本身就难以想象。此外还有对冰块生意额外的，几乎属于哲学层面的好奇心。天然产品的贸易，大多数围绕在高能量环境里繁茂生长的作物进行。甘蔗、咖啡、茶叶和棉花，所有这些 18 世纪和 19 世纪商业贸易的主要产品，都依赖于热带和亚热带气候的高温酷热；如今油轮和输油管道遍布全球，它们输送的化石燃料其实就是百万年前由植物获取并储存的太阳能。在 1800 年，你只要把仅能在高能环境里生长的作物运送到低能气候环境里去，就能发家致富。但是，冰块的贸易完全颠倒了这一模式，在全球商业贸易史上，这无疑是绝无仅有的。让冰块身价陡增的，恰恰是新英格兰冬天的低能状态，以及冰块能够在长时间里储存能量的独特性能。热带的经济作物导致在酷热难当的气候环境里人口膨胀，这反过来又为一种产品创造了市场，这种产品能够帮助你躲避酷热。在人类商业贸易的漫长历史上，能量始终与价值联系在一起：热量越多，太阳能也越多，你能种植的作物也越多。但是，在一个偏爱甘蔗与棉花种植园的高产热量的世界里，寒冷同样能够成为一笔财富。这就是图德了不起的洞见。

1846 年冬天，亨利·梭罗观察到弗雷德里克·图德雇用的掘冰人，正在用马拉的犁从瓦尔登湖挖掘冰块。看起来，这一切仿若勃鲁盖尔（Brueghel）画作中的场景——人们使用简单的工具，在凛冽寒风中劳动，远离在其他地方如火如荼展开的工业时代。但是，梭罗知道他们的劳作附属于一个更广阔的联动系统。对于冰块贸易的全球影响力，他在日记里展开了轻快的遐想：

似乎紧跟着将要有查尔斯顿和新奥尔良、马德拉斯、孟买和加尔各答的挥汗如雨的居民，在我的井中饮水……瓦尔登纯粹的水已经和恒河的圣水混合了。柔和的风吹送着，这水波流过了阿特兰蒂斯和海斯贝里底斯这些传说中的岛屿，流过汉诺，流过特尔纳特、蒂达尔和波斯湾的入口，在印度洋的热带风中汇流，到达连亚历山大也只听过名字的一些港埠。[8]

如果说有什么不一样的话，那就是梭罗低估了这个全球联动系统的范围，因为图德创建的冰块贸易远远不只与结冰的湖水有关。图德运往马提尼克岛的第一批冰块所遭遇的茫然不解的眼神，逐渐变成了对冰块越来越大的依赖，过程缓慢，但却稳步推进。冰镇饮料成了南部各州人们日常生活的必需品。（即使在今天，美国人也远比欧洲人更喜欢在他们的饮料里面加冰块，这都是拜图德当初的抱负所赐。）时至 1850 年，图德的成功激励了无数的效仿者，每一年，超过 10 万吨的波士顿冰块被运往世界各地。到 1860 年，纽约每三个家庭中就有两个订购了每日送冰服务。当时的一篇文章，描述了冰块如何与日常生活息息相关：

在车间、排字房、会计室，工人、印刷工和店员共同出资订购每日的冰块。每个办公室的每个角落，因一张人脸的存在而有了生气，同时还有他的一位晶体朋友在帮忙降温……它的好处，就如同机油之于车轮。它使整个人类机器开始愉快地运转，推动商业贸易的车轮，并且驱动生机勃勃的商业引擎。[9]

人们对天然冰块的依赖变得越来越严重，以致每隔十年左右出现一次异乎寻常的暖冬时，各地的报纸都会陷入狂乱，纷纷猜测"冰荒"是否会来临。直到 1906 年，《纽约时报》（*New York Times*）还在推出耸人听闻的头条新闻："冰块涨至 40 美分，冰荒迫在眉睫。"报纸继续提供某些历史背景："16 年来，纽约面对的冰块短缺问题，没有一次比今年更严重。1890 年曾经出过大麻烦，整个国家不得不四处搜寻冰块。然而，从那以后，人们对冰块的需求急剧增长，现在要是出现冰荒，导致的后果肯定会比当时严重得多。"在不到一个世纪的时间里，冰块完成了从稀罕之物到奢侈品再到必需品的转变。

冰块供能的冰箱改写了美国的地图，其中尤以芝加哥的变化最为显著。芝加哥最初的崛起源自交通便利，纵横交错的铁路线与运河网，将这座城市与墨西哥湾和东部沿海城市连接起来。部分由于地理位置优越，部分由于当时雄心勃勃的工程设计，芝加哥成为一个交通枢纽，从富庶的平原地区而来的小麦，源源不断地流向东北部的人口聚集中心。但是肉类在运输过程中难免会腐烂。从 19 世纪中期开始，芝加哥在猪肉保鲜方面发展出了一门很大的生意，最初的牲畜围栏先在城市郊区屠宰生猪，然后用桶将货物运往东部城市。但是新鲜的牛肉仍然是当地一道美味。

随着时间的流逝，东北部饥饿的城市和中西部的牛群之间，出现了一种供需失衡。19 世纪四五十年代，移民导致纽约、费城以及其他城市中心人口激增，当地的牛肉供应已经满足不了发展中的城市不断增长的需求。与此同时，北美大平原被征服后，牧场主能够大量饲养牛群，但却没有相应的人口基数能够消耗这么多的牛肉。人们可以通过铁路将活牛运至东部各州，再在当地屠宰；但是运输整只活牛价格高昂，而且运输途中动物经常会受伤或营养不良。当它们历经艰难运抵纽约或波士顿，差不多一半已经不能食用了。

从湖面切割下来的冰块浮在水上，顺着滑道被运送至仓库。拍摄于 1950 年。

冰块最终为这一难题提供了解决方案。1868 年，猪肉大亨本杰明·哈钦森（Benjamin Hutchinson）建造了一个新的猪肉加工厂。唐纳德·米勒（Donald Miller）在他讲述 19 世纪芝加哥历史的著作《世纪之城》（*City of the Century*）中这样描写这个加工厂："冷却室里放满了天然冰块，它们能够使猪肉保鲜长达一整年，这是本行业内最重要的创新之一。"[10] 这是一场革命的发端，这场革命不仅将改变芝加哥，也将改变整个美国中部的自然风貌。1871 年芝加哥大火①发生之后的年月中，哈钦森的冷却室将会激发其他企业家将冰冻设备整合到猪肉加工行业中去。冬天的时候，一些人开始利用露天车厢将牛肉运回东部，依靠寒冷的气温给牛排保鲜。1878 年，古斯塔夫·富兰克林·斯威夫特（Gustavus Franklin Swift）雇用一位工程师建造了一种先进的冷藏车，这样一整年都可将牛肉运输到东部沿海城市去。牛肉上面放置桶装的冰块，沿途靠站停车时，工人们可以从上面添加新的冰块，而不会搅动下面的牛肉。米勒写道："就是这种基础物理学应用，将活牛屠宰这门古老的贸易，从区域经济变成了一项国际业务。因为有了冷藏车，自然就会有冷藏船，它们将芝加哥的牛肉运往全球四大洲。"[11] 这项全球贸易的成功，改变了美国大平原的地理风貌，改变的方式时至今日仍然明显可察：工业化的饲养场取代了广袤无垠的草原，用米勒的话说，由此创建了"一个城乡'食品'系统，自冰河时代的冰川最终退出历史舞台以来，这是改变美国自然风貌的最具影响力的环境力量"。[12]

---

① 美国芝加哥大火是一起发生在 1871 年的火灾，从 10 月 8 日星期日一直烧到 10 月 10 日星期二的早晨，大火夺走了数百条人命，并毁坏了约 9 平方公里范围的芝加哥。虽然这起火灾是美国 19 世纪最大的灾难之一，但其重建也促进了芝加哥的发展，使其成为美国经济上的重要都市之一。——译者注

在纽约曼哈顿哈勒姆区的一条人行道上，
两个小男孩在观看两名送冰人发货。拍摄于 1936 年。

　　19 世纪最后 20 年出现的芝加哥畜牧场，诚如厄普顿·辛克莱（Upton Sinclair）所述，是"一个地区的劳动力和资本的一次最伟大的集结"。[13] 平均每年屠宰的牲口多达 1 400 万头。为现代"慢食运动"倡导者所鄙视的工业化食品，随着芝加哥畜牧场的完善和冰块降温运输网络的建立，通过各种方式发展起来，这一网络超越了阴暗的饲养场和屠宰场。像厄普顿·辛克莱这类的革新论者，将芝加哥描绘成但丁笔下的工业化地狱，但就现实而言，运用于畜牧场里的大多数技术，即便是一个中世纪的屠夫，也会表示认同。在整个链条中，最先进的技术形式是冷藏列车。西奥多·德莱塞（Theodore Dreiser）的理解很到位，他将畜牧场组装流水线描述为"一道通往死亡、解剖和冷藏库的直线斜坡"。[14]

按照传统的说法，芝加哥的崛起得益于铁路轨道的发明和伊利运河（Erie Canal）的建造。但是这些说法只描述了故事的一部分。如果没有水的这种奇特的化学特性，就没有芝加哥的高速发展：水能够储存并缓慢释放寒冷之气，在此过程中，人类的干预少之又少。如果液态水的这种化学特性发生了改变，地球上的生命也将呈现出显著不同的形态。（更大的可能是，地球上根本就不会进化出生命。）但是，如果水不具备结冰的奇特能力，19 世纪美国的历史轨迹几乎可以肯定也会是另外的样子。如果没有冷藏技术优势，你还是能向全球销售香料，但却无法向全球销售牛肉。冰块使一种新的食品网络成为可能。提及芝加哥，我们会联想到"巨肩之城"①、发达的铁路系统和鳞次栉比的屠宰场。但是，我们同样也可以说，芝加哥是建立在水分子的四面体氢键结构之上的。

如果你扩展自己的参考体系，从技术史的背景来考察冰块贸易，就会发现图德的创新具有某种令人费解，甚至可以说是时代错误的东西。毕竟，当时是 19 世纪中叶，正是以煤炭为能源的工业时代，铁路轨道和电报线将各大城市连接起来。然而制冷技术的水平，却仍然完全建立在从湖面挖掘冰块的基础之上。火的技术可以说是由智人初创的，自从熟练掌握火的运用之后，

---

① 芝加哥的昵称有"第二城"、"风城"等。1916 年美国诗人卡尔·桑德堡（Carl Sandburg）发表《芝加哥诗歌》（*Chicago*），遂又得名"世界屠猪城"（Hog Butcher for the World）和"巨肩之城"（City of the Big Shoulders），后者言及芝加哥在美国的重要地位。——译者注

人类利用热能技术做实验的时间已超过 10 万年。但是在热辐射谱的另一端，人类面对的挑战却大得多。工业革命已经进行了一个世纪，人工制冷却仍然是一个幻想。

但是冰块的商业需求（上百万美元正从热带地区源源不断地流入新英格兰冰块大亨的口袋），向全世界发出了一个信号：人们能够利用寒冷发大财，这就不可避免地驱使一些极具发明创新思维的头脑去寻找人工制冷下一个符合逻辑的步骤。不难猜想，图德的成功必将激励新一代同样唯利是图的企业家兼发明家们，在人工制冷方面开创他们革命性的创新与发明。然而，尽管我们极力赞颂当今科技世界的创新文化，基础性的创新并不总是来自私人企业的探索。新思想也并不总是受到图德那样的梦想的激发而产生，"大笔财富甚至会让我们不知所措"。人类发明创造的艺术史不只有一位缪斯[①]。尽管冰块贸易最初始于一个年轻人的发财梦，但人工制冷的故事却出自一种更迫切的人道主义需求：一位医生想要挽救病人的生命。

这一故事还得从昆虫讲起。佛罗里达州的阿巴拉契科拉（Apalachicola）是个有着一万人口的小镇，人们生活在亚热带气候的一片沼泽地旁边，这样的环境非常容易滋生蚊子。1842 年，大量的蚊子无可避免地引发了疟疾。在当地的小医院里，一位名叫约翰·戈里（John Gorrie）的医生无助地坐着，面对几十个高烧不退的病人一筹莫展。

戈里异常焦急，想找到一种办法来降低病人的体温。无意之中他尝试用医院屋顶悬垂下来的冰凌来降温，结果发现效果很好；冰块降低了空气的温度，低温空气又降低了病人的体温。他的一些病人在退烧后最终康复了。戈

---

① 缪斯（muse），是希腊神话中主司艺术与科学的九位文艺女神的总称。亦可译为"灵感女神"。——译者注

里的奇思妙想，本意是用来对抗亚热带气候带来的侵害，但最终却被这一气候的另一种副产品削弱了效果。热带气候高温潮湿，导致佛罗里达州蚊虫猖獗，同时也带来了另一大威胁——龙卷风。一连串的船只失事，耽搁了图德从新英格兰发货，这也影响了戈里正常的冰块供应。[15]

于是，这位年轻的医生开始反复琢磨一个更彻底的解决方案：自己制造冰块。戈里很幸运，这一想法恰当其时。几千年来，对人类文明而言，人工制冷几乎是不可想象的。我们发明了农业、城市、引水渠和印刷术，但在这漫长的岁月里，制冷技术始终在我们的能力范围之外。然而，不知为何，在19世纪中叶，人工制冷终于成为可能的事情了。用复杂性理论家斯图尔特·考夫曼（Stuart Kauffman）绝妙的术语来说，在这一时期，制冷已经成为"临近性可能"（adjacent possible）。

我们应该如何理解这一突破呢？它不属于这种模式：某位独立的天才想出一个精妙绝伦的点子，因为他天资聪颖，异于常人。这是因为，从根本上说，各种思想都是其他思想的联动协作。我们充分利用我们时代里的各种工具、隐喻、概念和科学理解，并且将其再次融入某种新的东西。但是，如果没有正确的基本构件，无论你多么优秀，也无法获得突破。17世纪中叶，即便是世界上最聪明的头脑，也发明不了冰箱。在当时，这就不是临近性可能的一部分。直至1850年，各种思想碎片最终糅合到了一起。

在今天的我们看来，首先需要发生的第一件事，似乎显得很滑稽：我们必须发现，空气其实是由某些物质构成的，它并不是各种物质之间的空隙。17世纪初，业余科学家发现了一个奇特的现象，真空管里的空气，看起来同样没有任何构成之物，但它的表现却不同于正常的空气。火焰在真空管里会熄灭；真空管的塞子异常紧密，两个马队都无法将其拉开。1659年，英国科

约翰·戈里医生。

学家罗伯特·玻意耳（Robert Boyle）将一只小鸟放在一个瓶子里，然后用真空泵抽出里面的空气。正如玻意耳所料，小鸟死了；但奇怪的是，它同时也被冻成了冰。如果真空管如此迥异于正常的空气，甚至能使生命灭绝，那就说明，正常的空气肯定是由某种看不见的物质构成的；同时也表明，改变气体的体积和压力，就会改变它的温度。18世纪，我们的知识面得到扩展，蒸汽机迫使工程师们精确计算出转换的热量与能量究竟是多少，由此开创了热力学的整套科学体系。测量热能和重量的各种工具也被开发出来，精确度更高，同时有了标准化尺度，例如摄氏度与华氏度。在科学与创新史上，这种情况屡见不鲜：当我们测量某种事物的精确性取得飞跃式的进步，新的可能性也就出现了。

所有这些基本构件萦绕在戈里的脑海里，就像气体里的分子彼此碰撞，形成新的连接。空闲的时候，他开始制造一台制冷机。这台机器利用气泵的能量来压缩空气；压缩导致空气温度升高；然后使压缩的空气流过用水冷却的导管，这样给它降温。空气膨胀时从周围的环境吸收热量，就像冰晶溶解为液态水，这种热量吸收使周围的空气得以冷却。人们可以利用这一过程来制造冰块。

令人称奇的是，戈里的机器竟然工作了。戈里不再依赖于千里之外远道而来的冰块，开始用自制的冰块给病人降温。他申请了一项专利，正确预见了一个人工制冷的未来；他写道，到时候，人工制冷"也许能够更好地为人类服务……水果、蔬菜和肉类在运输途中可以用我的制冷系统来保鲜，由此所有人都能享受新鲜食物！"[16]

然而，戈里作为一个发明家大获成功，作为一个商人却毫无作为。多亏图德的成功，只要没有暴风雨天气妨碍贸易，天然冰块就供应充足，而且价格低廉。但糟糕的是，针对戈里的发明，图德亲自发起了一次抹黑行动，声称戈里的机器生产的冰块被细菌感染。这是一个典型的例子——一个占主导地位的行业，贬低一项强大得多的新技术，正如最初的图形界面计算机被竞争对手贬斥为"玩具"，不算是"正经的商用机器"。约翰·戈里死的时候穷困潦倒，生前没有卖出一台机器。

但是，人工制冷的思想没有伴随戈里的去世而作古。几千年来无人问津，而现在有关人工制冷的专利申请炙手可热。制冷概念忽然间大行其道，不是因为人们偷窃了戈里的点子，而是因为他们已经独立地发现了同样的基本结构。概念性的基本构件最终准备就绪，因此，人工制造冷空气的想法也就突然间流行开来。

这些在全球日趋成熟的专利技术，是创新史上伟大好奇心的具体实例之一，学者们现在称之为"多重发明"。发明创造和科学发现总是成群出现，地理位置各异的若干研究者，都是无意中各自做出了同样的发现。某个遗世独立的天才人物想出一个点子，而其他人连做梦也没有想过，这样的事情其实是特例，而不是规律。大多数发现都是在历史中某个非常具体的时刻开始成为可能，在这一节点之后，很多人才开始投身其中。电池、电报、蒸汽机和数字音乐库，都是在短短几年之间由多个个体独立发明出来的。20世纪20年代初，哥伦比亚大学的两名学者详细考察了发明史，发表了一篇精彩的论文，题为"发明创造是无可避免的吗？"。他们列出了148个同时出现的发明的例子，它们大多数都是在同一个十年期内出现的。它们被发明出来后，又有几百项类似发明出现。

制冷技术也不例外。热力学的知识和空气的基础化学知识，与冰块贸易中创造的经济财富结合起来，就使得人工制冷技术趋于成熟，发明也就呼之欲出。这些同期发明家中，有一个法国工程师名叫费迪南德·卡雷（Ferdinand Carré），他也独立设计了一台制冷机，采用了与戈里类似的基本原理。他在巴黎为他的制冷机制作了几个模型，但是他的想法必将获得成功，因为一系列事件正在大西洋彼岸徐徐展开：美国南部出现了一种不同类型的冰荒。1861 年，美国内战爆发后，北方联军封锁了南部各州，南方经济陷入瘫痪。北方海军切断了冰块的供应，由此造成的影响甚至超过了搅动墨西哥湾洋流的风暴。在此之前，酷热难耐的南部各州对冰块贸易已经形成一种经济与文化上的依赖，突然间，他们发现自己迫切需要人工制冷。

战争进行得如火如荼。走私的船只有时能够在晚上突破封锁线，到达大西洋和墨西哥湾沿岸的海滩。但是，走私船不只贩运火药和武器，有时也贩运特别新奇的货物，例如根据戈里的设计而制造的制冰机。这种新设备使用氨气作为制冷剂，每小时能够生产 400 磅冰块。戈里的机器从法国一路走私至佐治亚州、路易斯安那州和得克萨斯州。一些创新者对戈里的机器进行改进，大大提高了机器的效率。几家商业制冰厂开张营业，标志着人工制冷在工业化大舞台上初展身手。到 1870 年，南部各州制造的人工冰块，比世界上其他任何地方制造的还要多。[17]

内战结束后的几十年里，人工制冷大爆发，导致天然冰块贸易开始一路走低，最终退出了历史舞台。人工制冷成为一个巨大的行业，这不仅表现在频频易手的现金上，也表现在制冷机庞大的规模上：这些由蒸汽驱动的庞然大物重达几百吨，由一整队工程师全职维护。纽约的特里贝克区（Tribeca），现在是世界最昂贵阁楼公寓的发源地；但在 20 世纪初，它基本上就是一个巨大的冷藏库，整整几个街区的无窗建筑，就是为用于冷藏来自周围华盛顿市场的源源不断的大量产品而设计。

在 19 世纪的冰块故事中，几乎一切事物都在使它变得更大，也更雄心勃勃。但是人工制冷接下来的革命，却将走上一条完全相反的道路。冰块将会变得越来越小：特里贝克区长达整个街区的冷藏库很快将会缩减规模，以适应美国每家每户的厨房。但具有讽刺意味的是，人工制冷逐渐变小的足迹，最终却将引发人类社会的变革，而变革之巨大，甚至可从太空看到。

1916 年冬，一个性情怪异的自然学家兼企业家，将他新组建的家庭搬到了拉布拉多区遥远的冻原。他在那里独自度过了几个冬天，开了一家皮草公司，饲养狐狸，偶尔给美国生物学会（the U. S. Biological Survey）发送动物和调查报告。他的妻子带着他们刚刚出生五周的儿子来到他的身边。拉布拉多这个地方，至少对一个新生儿来说不是一个理想之地。气候条件几乎让人无法忍受，气温通常低至 30 华氏度，而且整个地区极度缺乏现代医疗设施。饮食条件也需要进行大幅的改进。拉布拉多阴冷荒凉，冬天吃的所有食物不是腌制的就是冻得硬邦邦的；除了鱼肉以外，没有任何新鲜食物。典型的一餐被当地人称为"汤泡饭"，就是咸鳕鱼加上硬得像石头一样的面包，煮熟调以"斯格拉钦"，即一种咸猪油小脆片。任何冰冻的肉类或农产品在解冻后都会变得软塌塌的，没什么滋味。[18]

但这位自然学家在饮食方面颇具冒险精神，痴迷于不同文化的各类美食。（他在日记里记录了他吃过的任何东西，从响尾蛇到臭鼬不一而足。）于是他和一些当地的因纽特人（Inuit）玩起了冰下钓鱼，就是在结冰的湖面挖洞，然后垂下鱼线钓鳟鱼。气温如此低，远在冰点以下，以致钓到的鱼拉出湖面不到几秒钟，就冻成了冰疙瘩。

A gift in a million...for a wife in a million!

8-cu-ft model (NH-8), illustrated. Also available in 10-cu-ft size. Features include special butter conditioner in door . . . ample bottle space with room for tall bottles . . . sliding shelves . . . *two deep drawers for fruits and vegetables* (can be stacked to make extra room for bulky items). Freezer compartment has 3 ice trays and covered dessert pan.

General Electric 1949 Two-door Refrigerator-Home Freezer Combination

This year—if you want to make your wife the happiest woman in the world—let your major present be a new General Electric Refrigerator-Home Freezer Combination.

You might not appreciate all that it means to have this most advanced refrigerator.

But you can be sure your wife will! She'll know you're giving your family years and years of better living—greater kitchen convenience —tastier foods on the table—and new economies in buying and keeping foods.

She'll fall in love with that big, separate home freezer compartment, with its own separate door. For it freezes foods and ice cubes quickly . . . maintains zero temperature at all times! The 10-cubic-foot model holds up to 70 pounds of frozen foods.

And she'll thrill over the moisture-conditioned refrigerator compartment that gives as much refrigerated fresh-food storage space as in ordinary 8- and 9-cubic-foot refrigerators!

It never needs defrosting . . . no need to cover dishes.

And she'll know, of course, that the General Electric trademark means utmost dependability . . . dependability based on an unexcelled record for year-in, year-out performance.

We can't begin to tell you here the story of this most wonderful of gifts for the home.

So why not do this: Take your wife to the nearest General Electric retailer. Let him give you a demonstration of the General Electric Refrigerator-Home Freezer Combination.

Then—later on—when your wife gets through talking about how much she'd like one of those great refrigerators, just say quietly: "I'm giving you one for Christmas, darling!"

General Electric Company, Bridgeport 2, Connecticut.

More than 1,700,000 General Electric Refrigerators in service ten years or longer.

GENERAL ✺ ELECTRIC

通用电气公司的冰箱和冰柜广告。拍摄于 1949 年。

　　无意之中，这位年轻的自然学家误打误撞地做了一次影响深远的科学实验，当时他正准备坐下与家人吃饭。他们把这次冰下钓鱼得来的鳟鱼解冻，结果发现它比平时吃的东西鲜美多了。两者之间的差别如此明显，他不禁十分好奇，想弄明白为何冰冻的鳟鱼味道保持得这么好。于是克拉伦斯·伯宰（Clarence Birdseye）开始了他的研究工作，并最终将他的名字印在了全世界超市里冰冻豌豆和鱼条的包装箱上。

　　最初，伯宰假设，鳟鱼的鲜味之所以保存得这么好，只是因为距离捕获它的时间不长；但是随着他对这一现象的研究越来越深入，他开始设想或许有其他某个因素在起作用。首先，从冰下钓上来的鳟鱼鲜味能够保持好几个月，这和其他冻鱼不同。他开始用冰冻的蔬菜做实验，结果发现，不知为何，深冬时节冻上的蔬菜比在深秋或早春时节冻上的蔬菜味道更好。他将食材放在一个显微镜下仔细观察，结果发现它们在结冰过程中形成的冰晶大不相同：那些没了味道的冰冻食材，它们的冰晶明显大很多，冰晶似乎正在分解食物本身的分子结构。

　　最终，伯宰想出了一个条理井然的理论，能够解释食物味道之间的显著差别：这完全取决于结冰过程的速度。结冰速度慢，就导致冰中的氢键形成的晶体结构更大。而数秒内发生的结冰，即现在我们所谓的"速冻"，则会形成小得多的冰晶，他们对食物本身的损害较小。因纽特渔夫从未从冰晶和分子的角度来考虑这一问题，但他们将活鱼从水里甩往寒冷彻骨的空气中，几个世纪以来早已在享受速冻技术的好处了。

克拉伦斯 · 伯宰在加拿大的拉布拉多区。拍摄于 1912 年。

伯宰的实验还在继续，又一个想法在他的脑海中成形：既然人工制冷技术已经越来越普遍，只要能够解决食品质量问题，那么冷冻食品的市场应该无比巨大。就像在他之前的图德一样，伯宰做冷冻实验时开始记笔记。还有一点也像图德，就是这个想法在他脑海里萦绕了十年之久，然后才变成某种具有商业价值的东西。这不是灵光突现或顿悟时刻，而是某种从容得多的东西，一个想法随着时间的流逝逐渐成形。我喜欢称之为"慢直觉"，也就是"顿悟时刻"的反面，一个想法在几十年的时间积累中轮廓渐渐清晰，而不是在几秒之内骤然出现。

伯宰最初的灵感就是食物新鲜度的顶峰：从冰冻湖水里钓上来的一条鳟鱼。但第二个灵感却完全与之相反：一艘满载腐烂鳕鱼的商业渔船。拉布拉多冒险之旅结束之后，伯宰回到他之前在纽约的家，在渔业协会找了一份工作；在这里，他目睹了商业捕鱼业令人吃惊的状况。"整个鲜鱼的分销过程效率低下，极不卫生，令我感到恶心。"伯宰后来写道，"于是我着手研究一种方法，在生产环节就能够将不可食用的废物从易腐烂的食物中剔除，将食物装入小巧轻便的盒子，然后分发给家庭主妇们，而食物本身固有的新鲜度完好无损。"[19]

20 世纪最初的几十年里，冷冻食品行业被认为毫无前途。你能够买到冷冻鱼肉或农产品，但人们普遍认为它们不适合食用。（实际上，冷冻食品如此低劣不堪，即便是纽约州立监狱也将其拒之门外，因为它们达不到犯人们的烹调标准。）一个主要问题是，食品冷冻时温度相对较高，通常只在结冰点以下几度。然而，在接下来的几十年里，科学进步使人们能够产生完全类似于拉布拉多那样的低温。到 20 世纪 20 年代初，伯宰研制出了一种速冻程序，将鱼在负 40 华氏度的低温下冰冻，然后装入堆积的硬纸盒。他从亨利·福

克拉伦斯·伯宰在用切碎的胡萝卜做实验，以确定不同搅拌速度和气流速度加在食物上所造成的效果。

特（Henry Ford）全新的工业模式T型车工厂获得灵感，创建了一个"双输送带速冻机"，提高了冰冻程序的生产线效率。他组建了一个公司，名叫"通用海鲜公司"（General Seafood），运用这些新的生产技术。伯宰发现，无论水果、肉类和蔬菜，任何东西只要是采用了他的冷冻技术，在解冻后总是异常新鲜。

然而，在成为美国人食谱上的日常食品之前，速冻食品还有十多年的路要走。（在超市和家庭厨房，要有数量足够多的冰箱，这要在"二战"后才完全成为可能。）但是伯宰的实验显得如此前景广阔，于是在1929年"黑色星期五"股市暴跌之前数月，通用海鲜公司被波斯敦麦片公司（Postum Cereal Company）收购，名称很快变更为"通用食品公司"（General Foods）。伯宰的冰下钓鱼冒险经历，使他变成了一个百万富翁。他的名字印在冷冻鱼片的包装箱上，直到今天。

伯宰的速冻食品技术突破就是以慢直觉的形式逐渐成形的，但同时，它的出现也来自于若干完全不同的地理和知识空间的一种相互碰撞。要想设想一个速冻食品世界，伯宰需要体验那种挑战，就是在奇冷无比的北极气候里能够养家糊口；需要有和因纽特渔夫共度的冰下钓鱼时光；需要查看过纽约港捕鳕鱼的拖网渔船臭烘烘的集装箱；需要具备制造远在结冰点以下的气温的科学知识；还需要掌握建设生产线的工业知识。像每一个宏大的思想一样，伯宰的突破也不是一个唯一的洞见，而是包含了其他思想的联动体系，它们组合在一起，构成了一个新的格局。伯宰的思想之所以如此举足轻重，不仅仅在于他个人的天分，同时还在于地理位置的多样性和专业技能形式的多样性，而他将其融合在了一起。

身穿工作服的工人通过传送带运送伯宰速冻食品。
照片未注明日期，大约拍摄于 1922~1950 年。

　　在我们这个充分利用本地资源、纯手工生产食品的时代，继伯宰的发现之后几十年里出现的冷冻"电视快餐"已经不再那么受欢迎。但它的前身——冷冻食品曾经对人类健康产生过积极的影响，为美国人的食谱添加了更多的营养。速冻食品无论在时间还是在空间上都扩展了食品网络的范围：夏季收获的农产品能够几个月之后再消费；从北大西洋捕获的鱼能够在丹佛或达拉斯吃到。一月份可吃到冷冻的豌豆，总强过再等上五个月才能吃到新鲜的豌豆。

到 20 世纪 50 年代，美国人的生活方式已经深刻受到人工制冷技术的影响。他们购买当地超市冷藏货架里出售的冷冻快餐，然后将它们层层堆放在新买的北极牌冰箱（Frigidaire，这种冰箱采用了最新的制冰技术）的深冻冰柜里。而在幕后，整个制冷经济是由一个巨大的冷藏货车车队支撑起来的，它们将伯宰冷冻豌豆（以及其他众多类似产品）运往全国各地。

在 20 世纪 50 年代典型的美国家庭里，最新奇的制冷设备不是用来储藏晚餐的鱼片，也不是用来为马蒂尼酒制作冰块，而是用来为整个房屋降温（和除湿）。这种最初的"空气处理装置"，是在 1902 年由一个名叫威利斯·开利（Willis Carrier）的年轻工程师设计出来的。开利的发明故事，在偶然发现的编年史上很有代表性。开利是一个 25 岁的工程师，布鲁克林的一家印刷公司聘请他设计一个方案，帮助他们在潮湿的夏季预防油墨造成污迹。开利的发明不仅消除了印刷室里的潮湿，而且使空气冷却下来。开利发现，突然之间，大家都喜欢待在印刷机附近的地方吃中饭，于是他开始设计一些小玩意儿，用来调节某个内部空间的湿度和温度。没过几年，开利成立了一家公司，致力于发挥这项技术的工业用途，这家公司至今仍是全世界最大的空调制造商之一。但是，开利坚信，空调技术同样应该属于普通民众。

开利公司的一个实验室在测试他们价值 700 美元、6 个房间容量的全新中央空调单元，它从顶层发散冷气；使冷气清晰可见的烟雾，升至起居室 3 英尺高的地方。拍摄于 1945 年。

　　开利的第一个大实验是在 1925 年阵亡将士纪念日①那个周末进行的，当时他在派拉蒙影业公司的新旗舰店曼哈顿里沃利电影院（the Rivoli）初试身

①　阵亡将士纪念日（Memorial Day，原名纪念日，或悼念日），是美国的一个纪念日，悼念在各战争中阵亡的美军官兵。时间定于每年 5 月的最后一个星期一，全国悼念时间于华盛顿时间下午 3 时开始。——译者注

手，试装了一个空调系统。[20] 夏季的时候，电影院长久以来一直是闷热难耐的地方。（实际上，19 世纪时曼哈顿的一些影剧院曾经实验过用冰块降温，无疑这也导致屋子里湿气很重。）在空调出现之前，上演暑期档大片的想法看起来近乎荒谬：炎热的一天，一个房间里充斥着上千具汗流浃背的肉体，这样的地方打死你也不想去。于是，开利游说派拉蒙公司颇具传奇色彩的老板阿道夫·朱克（Adolph Zukor），声称在他的影院中投资中央空调将大有赚头。

萨基特—威廉印刷公司的空调系统。

在阵亡将士纪念日周末的测试中，朱克也亲自露面了，他不声不响地坐在露台座位上。开利和他的团队遇到了一些技术难题，空调一时启动不了；影片放映之前，满屋子的折扇狂舞不止。开利后来在他的自传里回忆起当时的情景：

> 炎热的一天，剧院里很快挤满了人，要想给它降温自然是颇费工夫；而给一个人满为患的房间降温，则费时更长。慢慢地，几乎在不知不觉中，空调系统的效果显现出来了，人们手中的扇子折叠了起来。只有一些折扇的狂热爱好者还在扇个不停，但没过多久，他们也不再扇了……后来我们回到大厅，等着朱克先生从楼上下来。见到我们后，还没等我们开口，他简洁地说："没错儿，人们肯定会喜欢它。"[21]

1925 年至 1950 年期间，大多数美国人只在电影院、百货大楼、旅馆或办公楼这类大型商业场所体验过空调。开利知道，空调肯定会进入家庭领域，但当时这种机器实在是个头不小、价格昂贵，一般中产阶级家庭承受不起。在 1939 年的世界博览会上，开利公司最吸引人的展品是"明日冰屋"，人们得以一睹这一未来新事物的风采。这是一个奇形怪状的结构，看起来像是一份五层的香草软冰激凌，开利站在一群火箭女郎风格的"雪兔宝宝"中间，向观众展示家用空调的神奇效果。

但是，开利在家用制冷方面的远见却因第二次世界大战的爆发而推迟了。直到 20 世纪 40 年代末，在实验了将近 50 年之后，空调最终进入了家用领域，一个最初的带内窗便携式装置出现在市场上。不到五年时间，美国人每年安装的空调超过 100 万台。当我们想到 20 世纪的小型化技术时，我们的思维会自然而然地转向晶体管和微型芯片，但空调日渐模糊的足迹，理应在创新编年史上占据一席之地：一个体积曾经超过平板货车的庞然大物，如今缩小到一个窗户就能容得下。

空调体积上的大幅缩小很快引发了一系列非同凡响的事件，在很多方面完全比得上汽车对美国聚落形态的影响。那些曾经酷热难耐、潮湿闷热的地方，包括弗雷德里克·图德年轻时曾经待过的在夏日里挥汗如雨的那些城市，突然之间，绝大部分普通大众身处其中，都过得还算可以了。时至1964 年，内战之后形成的人口由南往北迁的历史潮流，如今反转过来。相对寒冷的北部各州的移民蜂拥而至，导致"阳光地带"①的人口激增；多亏有家用空调，那些人才能够忍受热带闷热潮湿或骄阳似火的沙漠气候。仅仅10 年时间，图森（Tucson）的人口从 45 000 飙升至 210 000；同时期，休斯敦（Houston）的人口从 600 000 膨胀至 940 000。20 世纪 20 年代，当威利斯·开利在里沃利电影院向阿道夫·朱克演示空调的效果时，佛罗里达州的人口还不到 100 万。半个世纪之后，这个州正稳步成为全美人口最多的四大州之一，1 000 万人口住在有空调的房子里，将闷热的夏季挡在门外。开利的发明不仅使氧气和水的分子流动起来，最终也使人类四处流动。

人口上的广泛变化无可避免会造成政治影响。"阳光地带"移民潮改变了美国的政治版图。南部曾经是民主党的大本营，如今却涌入大量的退休人员，他们的政治观点更为保守。历史学家纳尔逊·W·波尔斯比（Nelson W.

---

① 美国的"阳光地带"（the Sun Belt），是 20 世纪 70 年代出现的一个概念，一般指北纬37°以南地区，大致范围是：西起太平洋沿岸的加利福尼亚州，东到大西洋沿岸的北卡罗来纳州，北至密西西比河中游，南到墨西哥湾沿岸的一个区域。阳光地带之意为：南部"日照充足，气候温和，适宜人类居住地带"，亦有"这一地带各行各业蓬勃发展，经济日趋繁荣"的含义。这个昔日以贫困落后、种族歧视、人口外流著称的地区，如今经济发展呈明显上升趋势，美国工业的布局也由集中在东北部向"阳光地带"扩散。——译者注

欧文剧院。拍摄于 20 世纪 20 年代。

Polsby）在他的著作《美国国会进化史》（*How Congress Evolves*）一书中论证
说，北方共和党人在后空调时代迁入南部所造成的影响，甚至削弱了南部作
为"南方各州权利民主党人"（Dixiecrat）对抗民权运动的基地的地位。在国
会中则导致了一种自相矛盾的后果，出现了一股自由主义的改革洪流，因为
国会中的民主党人不再被分为保守的南方人和进步的北方人。但是，可以说，

空调对总统政治具有最深远的影响。佛罗里达州、得克萨斯州和南加利福尼亚州膨胀的人口，导致总统选举团移至"阳光地带"，1940 年至 1980 年期间，南部气候温暖的各州多赢得了 29 张选举团选票，而气候寒冷的东北部各州和"铁锈地带"①则丧失了 31 张选票。22 在 20 世纪前 50 年，仅有两位总统或副总统出自"阳光地带"各州。但从 1952 年开始，每一张获胜的总统候选人选票上，都少不了一位"阳光地带"候选人的面孔，这种情况直到 2008 年才由巴拉克·奥巴马（Barack Obama）和乔·拜登（Joe Biden）打破。

这是一部长焦历史：自从威利斯·开利在布鲁克林开始思考如何预防油墨造成污迹，时间已经过去了将近一个世纪，现在我们能够操纵微小的空气和湿气分子，转而帮助改变了美国的政治地理环境。但是，对于在全球范围内正在发生的变化而言，美国出现的"阳光地带"不过是一场彩排而已。在世界各地，发展最快的超级大都市压倒性地集中在热带气候地区，例如金奈、曼谷、马尼拉、雅加达、卡拉奇、拉各斯、迪拜和里约热内卢。人口统计学家预计，到 2025 年，这些炎热城市的总人口将超过 10 亿。

不用说也知道，这些新移民中大多数人家里并没有装空调，至少现在还属于这种情况；而且，特别是对于那些位于沙漠地带的城市而言，它们如何获得最终的持续性发展，至今仍是一个悬而未决的问题。但现在我们能够控制办公楼、商场和富裕家庭里的温度和湿度，这就导致这些城市中心能够吸引经济基础，使其一跃而成为超级大都市。在 20 世纪后 50 年之前，世界上

---

① "铁锈地带"（Rust Belt），意指某些工业衰退的地区，例如美国五大湖地区、中国东北老工业基地、德国鲁尔区、伦敦工业区等。20 世纪 70 年代，一些发达国家曾经历了老工业基地在经历了重工业化时期的繁荣后走向衰落，大量工厂倒闭，到处是闲置的厂房和被遗弃的锈迹斑斑的设备，因此这些老工业基地被形象地统称为"铁锈地带"。——译者注

"明日冰屋"。在圣路易斯世界博览会上，威利斯·H·开利博士手拿温度计，站在一个展示空调效果的冰屋里。带温度控制的冰屋，室内始终保持20摄氏度恒温。

最大的城市例如伦敦、巴黎、纽约和东京，无一例外几乎都处在温带气候地区，这不是一个偶然现象。现在我们所看到的，可以说是人类历史上最大规模的一次人口迁徙，同时也是第一次由一种家电产品引发的人口迁徙。

引领了制冷革命的梦想家和发明家们，并没有多少灵感突现的神奇时刻，他们光辉灿烂的想法很少能立即改变这个世界。多数时候他们有了某些预感，但他们会坚持不懈，继续研究几年，甚至几十年，直到最终各种碎片组合到一起。其中一些创新，在今天的我们看来似乎微不足道。所有这些集体的智慧，集中了几十年的时间和精力，难道只是为了让这个世界能够吃上安全的电视快餐？但是，经过图德和伯宰等人的努力最终变为现实的这个冷冻世界，能够做更多的事情，而不仅仅是将冻鱼条遍布于整个世界。由于有了人类精子、卵子和胚胎的速冻技术和超低温保存技术，它同样能够将人类遍布于整个世界。全球有几百万人，他们的存在要归功于人工制冷技术。[23] 今天，卵母细胞超低温保存方面的新技术，能够保存女性年轻时候健康的卵子，在很多案例中这项技术将她们的生育能力扩展到了 40 多岁和 50 多岁。现在，我们在生儿育女上有各种新方式可供自由选择，例如，女同性恋者夫妻或单亲母亲可以利用精子库怀孕，女性在考虑要孩子之前，先花 20 年的时间投身于工作。如果没有速冻技术的发明，这一切都是不可能实现的。

当我们思考突破性想法时，我们总是受限于原创发明的范围。我们想出一种办法制造出人工制冷技术，然后假定这仅仅意味着我们的房间会更凉爽，闷热的夜晚我们会睡得更舒服，或者我们碳酸饮料的冰块供应从此就有了保障。这一切很好理解。但是，如果你只是以这种方式来讲述制冷的故事，你也就错失了它史诗般的规模。在弗雷德里克·图德开始考虑如何将冰块运往哈瓦那之后仅仅两个世纪，我们对制冷技术的掌握，已经在帮助我们在全球范围内重新组织聚落形态，将几百万的新生婴儿带入这个世界。乍看之下，冰块似乎是一项微不足道的进步：它属于奢侈品，而不是必需品。然而，如果你从长焦的视角来重新审视它，就会发现，在过去的两个世纪里，它的影响力令人震惊：美国大平原的自然风貌完全被改变；通过冷冻胚胎，新生命和新的生活方式成为可能；炽热的沙漠上，矗立出蓬勃发展的超级大都市。

第三章　声音

HOW WE GOT
TO NOW

大约 100 万年以前，海洋从环绕今天巴黎这个地方的盆地消退，留下一个石灰岩矿床带，这里曾是活动的珊瑚礁。随着时间的推移，法国勃艮第地区的屈尔河（the River Cure）缓缓流经其中一些石灰石，形成了一片片的岩洞和涵洞；最终它们缀满了因雨水和二氧化碳而形成的钟乳石和石笋。考古学的发现表明，成千上万年以来，尼安德特人和早期现代人利用这些洞穴作为栖身和举行宗教仪式的地方。20 世纪 90 年代初，在屈尔河畔的阿尔西（Arcy-sur-Cure）洞穴群石壁上，发现了一批规模宏大的古代绘画。其中包括一百多幅野牛、猛犸象、鸟类和鱼类的画像；最令人难以忘怀的是，甚至还有一个孩子的掌印。放射性年代测定法显示，这些画像已有 3 万年的历史。只有在法国南部肖维（Chauvet）发现的岩洞壁画，历史更为久远。

岩洞壁画通常被用来证明想要以图像形式表现世界的原始冲动，其原因不难理解。在电影发明前的无数世代，我们的祖先会聚集在火光照亮的洞穴里，目不转睛地看着石壁上忽隐忽现的影像。但近些年来，关于勃艮第岩洞的原始用途，出现了一个新的理论。不是将这些地下通道的画像，而是将声音作为其研究重点。

屈尔河畔的阿尔西岩洞壁画被发现几年之后，巴黎大学一位名叫埃伊戈·列兹尼科夫（Iegor Reznikoff）的音乐人种学家，开始根据蝙蝠的方式研究这些洞穴：倾听洞穴群各个不同部分产生的回声和混响。长久以来，有一点显而易见，就是尼安德特人的画像成群出现于洞穴的某些特定区域，其中一些画面最华丽、内容最丰富的画像集中出现在超过 1 000 米深的地方。列兹尼科夫查明，这些岩洞壁画一致被置于洞穴中声音效果最好的地方，这些地方回声最为浑厚。如果你站在屈尔河畔阿尔西洞穴远端的旧石器时代动物画像下面大喊一声，你会听到自己嗓音七种不同的回声。当你的声带停止振动后，所产生的回声持续将近五秒才消失。从声学的角度来说，这种效果不同于著名的"音墙"技术；20 世纪 60 年代，菲尔·斯佩克特（Phil Spector）在为罗奈特乐队（the Ronettes）、埃克与蒂娜乐队（Ike and Tina Turner）等歌手录制唱片时，曾经使用过"音墙"技术。在斯佩克特的系统中，录制的声音通过一个摆满了扬声器和麦克风的地下室，它们产生了一个巨大的人造回声。而在屈尔河畔的阿尔西洞穴，这一效果来自于洞穴本身的天然环境。

根据列兹尼科夫的理论，尼安德特人部族聚集在他们所画的岩洞壁画旁边举行某种萨满仪式，他们反复吟唱，洞穴的回声效果神奇地增强了他们的嗓音。[1]（列兹尼科夫还发现，在洞穴里声音效果绝佳的其他地方，也画有一些小红点。）我们的祖先能够以绘画的形式记录他们对世界的视觉体验，但无

1991 年 9 月，在法国发现的屈尔河畔的阿尔西岩洞。

法以同样的方式记录他们的听觉体验。但是，如果列兹尼科夫的理论是正确的，那么这些早期人类正在试验声音工程的一种原始形式——放大并增强这个世界上最令人陶醉的声音：人类的嗓音。

　　增强并最终复制人类嗓音的冲动，迟早将会为一系列的社会变革和技术突破铺就道路，无论是在通信和计算方面，还是在政治和艺术方面。我们乐于接受一种观点，即科学和技术已经将我们的视野拓宽到一个令人惊叹的范围，例如从眼镜到凯克天文望远镜。但我们说话和唱歌时振动的声带，同样也通过人工手段得到了极大的增强。我们的声音越来越大；它们开始穿越海底架设的线缆；它们摆脱了地球的束缚，开始从人造卫星反弹回来。基本的视觉革命大部分在文艺复兴和启蒙运动之间的时期展开，例如眼镜、显微镜和天文望远镜。人类看得更清晰，看得更遥远，也看得更接近。但是直到 19 世纪末，声音方面的技术才充分发挥威力；由此一发而不可收，接下来几乎改变了一切。但这些技术不是以声音的放大为开端。我们痴迷于人类的嗓音，在这方面第一个伟大突破，就是简单地把它记录下来。

那些尼安德特人聚集在勃艮第洞穴里歌唱，声音回响不绝；但此后几千年里，人类记录声音的想法一直纯属幻想。在这漫长的时间里，我们确实也曾有过精妙的艺术，设计声学空间来增强我们的嗓音和各种乐器的声音：中世纪的教堂设计，固然产生了美轮美奂的视觉体验，在声学工程上也是成就斐然。但是，没有人认真设想过如何直接捕捉声音。声音虚无缥缈，不可捉摸；你也只能做到这个程度：用自己的嗓音和乐器来模仿声音。

记录人类嗓音的梦想逐渐变为临近性可能，只能是在两项关键的技术发展成熟之后：一项来自物理学，另一项来自解剖学。大约从 1500 年开始，科学家们假设，声音是以看不见的波纹的形式穿过空气的。（此后不久，他们发现这些波纹在水里的传播速度，比在空气中的传播速度快四倍。这一奇特的现象，要再过四个世纪之后，人们才开始对其加以利用。）到启蒙时代，详尽的解剖学书籍绘制出人耳的基本结构，详细记录了声波如何穿过外耳道，由此引发耳膜震颤。19 世纪 50 年代，一位名叫爱德华–里昂·斯科特·迪马丁维尔（Édouard-Léon Scott de Martinville）的巴黎排字工人无意之中得到了一本这类解剖学方面的书，因此激发了这个业余爱好者对生物学和声音物理学的兴趣。

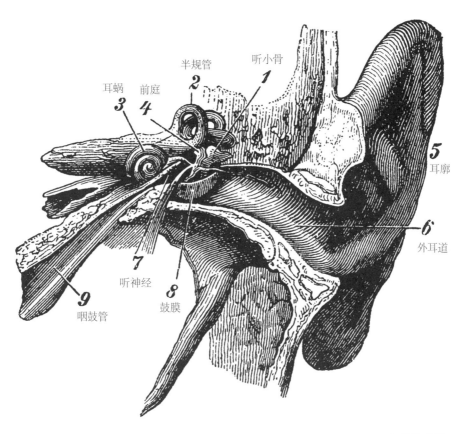

人耳构造图。

斯科特同时也在学习速记；在他开始琢磨声音之前的几年，他出版了一本关于速记法历史的书。在当时，速记法是录音技术最先进的形式。在捕捉口头话语的准确性与速度上，没有哪种系统能够和一个训练有素的速记员相提并论。但是在斯科特观看内耳的详细插图时，一个新的想法开始在他的脑海里逐渐成形：转录人类声音的过程也许可以自动操作。一种机器可以将声波写下来，以此代替人类记录文字。

1857 年 3 月，也就是在托马斯·爱迪生（Thomas Edison）发明留声机的 20 年前，法国专利局将一项专利授予斯科特，因他发明了一种记录声音的机器。这个奇妙的玩意儿使声波通过一个桶形的喇叭，仪器的末端是用羊皮纸做的一层薄膜。声波引发羊皮纸振动，振动又传输至一支猪鬃毛所制的铁笔。铁笔则将声波蚀刻在一张被油灯熏黑的纸上。他将他的这一发明称为"声波记振仪"，也就是声音的自动记录仪器。

在发明的编年史上，也许没有一样事物比声波记振仪更为奇特，将远见和短视融为一体。[2] 一方面，在其他发明家和科学家开始关注这一现象之前的十多年，斯科特就已取得关键性的概念飞跃——声波可被从空气中抽离出来，并蚀刻在某种记录介质上。（要是你的发明比爱迪生的早上 20 年，你一定会确信自己做得很好。）但是斯科特的发明却因一个关键性的，甚至可以说是可笑的缺陷而受挫。他发明了历史上第一台记录声音的设备，但他却忘了加上"回放"功能。

实际上，"忘了"这个词情感过于强烈。在今天的我们看来，记录声音的设备毫无疑问也应该包括一项功能，让人能够从何处开始听到录音。发明声波记振仪却没有回放功能，就好比发明汽车却忘了加上让车轮旋转的设计。但这只是因为我们从分歧的另一面来评判斯科特的工作。机器能够传输源自其他地方的声波，这种想法根本不是凭直觉获知的；直到亚历山大·格雷厄姆·贝尔（Alexander Graham Bell）开始在电话机的终端复制声波，回放功能才成为一种明显的思想飞跃。从某种意义上说，斯科特不得不审视两个明显的盲点：首先，声音是可以记录的；其次，那些录音也可以再次转化为声

法国作家、声波记振仪发明者爱德华-里昂·斯科特·迪马丁维尔。

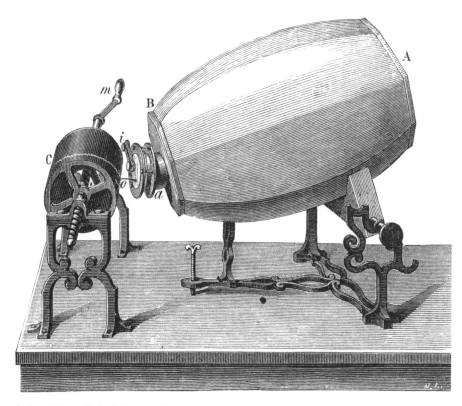

声波记振仪，约出现于 1857 年。

波。斯科特成功抓住了第一点，但却无法再进一步做到第二点。很难说他是忘记了或者无法做到加上回放功能，实际上他压根儿就没有过这种想法。

如果回放功能从未成为斯科特计划的一部分，人们理所当然会问，那他为何要不辞辛苦地第一个制造声波记振仪？电唱机不能播放唱片又有什么用呢？在这里我们面对的是一把双刃剑，一方面需要依赖当时占主导地位的概念，另一方面又需要借用其他领域的想法，并将其应用于新的背景之下。斯科特从速记法的概念获得了记录声音的想法：记录声波，以代替记录文字。

这一构建性的概念能够使他比同时代的人早几年做出第一步飞跃，但是，这同样也可能限制了他，使他无法做出第二步飞跃。文字一旦被转换为速记代码，它们所代表的信息会由理解这种代码的读者进行破译。斯科特认为，他的声波记振仪也能做到这一点。这种机器能够将波形蚀刻为灯烟，铁笔的每次颤动对应着人类嗓音发出的某个音素。人们可以学习如何"阅读"这些波形曲线，就像他们曾经学习如何阅读速记符号一样。从某种意义上说，斯科特根本就不是要发明某种录制声音的设备。他想要发明最好的抄写服务器——只是你不得不学习一门全新的语言，才能读懂这种抄本。

回过头来看，这种想法其实也并不算疯狂。事实证明，人类极为擅长学习辨认视觉图形；我们对字母表的认知如此内化而彻底，以至于一旦学会了，就再也不用去想应该如何读它们。既然声波也能记录在纸上，难道它们还有什么不同？

不幸的是，人类的神经网络工具箱似乎不包括通过视觉阅读声波的能力。从斯科特发明声波记振仪到现在，时间已经过去了 150 年，我们所掌握的有关声音的艺术与科学，已足以令斯科特震惊；但我们之中没有一人学会如何从视觉上解析被涂成灯黑的声波中的话语。这是一场豪赌，但终将毫无获胜的希望。如果我们想要将录制的音频解码，我们需要重新将其转换成声音，这样我们才能通过耳膜而不是视网膜进行解码。

我们也许成为不了波形读者，但我们也不是偷懒的人；在斯科特发明声波记振仪的那个世纪以及其后 50 年里，我们成功发明了一种能够"阅读"波形的视觉图像并将其转换回声音的机器，也就是电脑。就在几年前，由戴维·乔凡诺尼（David Giovannoni）、帕特里克·菲斯特（Patrick Feaster）、梅根·亨尼西（Meagan Hennessey）和理查德·马丁（Richard Martin）等人组成的一个音频历史学家小组，在巴黎科学院发现了一批斯科特声波记振仪，其中一台可追溯至 1860 年 4 月，而且保存异常完好。[3]乔凡诺尼和他的同事们扫描了那些若隐若现、飘忽不定的线条，它们最初被涂成灯烟时，林肯尚且在世。他们将这一图像转换为一种数字波形，然后通过电脑扬声器播放出来。

一开始，他们以为自己听到了一个女人的声音，她在唱法国民歌《月光下》（*Au Clair de la lune*）；但后来他们意识到，他们在播放这段音频时，播放速度是最初录制时的两倍。他们将其调到正常速度，这时一个男人的嗓音从噼噼啪啪的杂音中传出来：这是爱德华–里昂·斯科特·迪马丁维尔在坟墓里低吟浅唱。

即使以正常的速度播放，这段音频也没有达到最佳质量，这可以理解。在大部分时间里，录音设备的随机噪声盖过了斯科特的嗓音。但是，甚至连这一明显的缺陷也进一步凸显了录音的历史重要性。那种奇怪的噼啪声和衰减的音频信号，在 20 世纪的耳朵听来将会变得习以为常。但是这些声音不是自然产生的。在自然环境下，声波会减弱、产生回音，并且压缩，但是它们不会分解成杂乱无章的机械噪声。静电声是一种现代声音。斯科特第一个捕捉到了它，尽管要听到它，还得等上一个半世纪。

但事实证明，斯科特的盲点不会完全成为一条死胡同。他取得专利权 15 年之后，另一个发明家用这种声波记振仪做实验，改进了斯科特最初的设计，加入了一个取自尸体的真正人耳，以便更好地理解声学。通过他的修改完善，他想出了一个办法，既能够捕捉声音，同时也能够传输声音。他的名字叫亚历山大·格雷厄姆·贝尔。[4]

出于某种原因，声音技术在它最先进的先驱者中，似乎引发了一种奇怪的失聪现象。某种新工具出现了，能够分享或传输声音；然后一种情形反复出现，就是发明这种新工具的人很长时间里不知道它最终有什么用处。1877年，托马斯·爱迪生完善了斯科特的原创设计方案，发明了留声机。当时他想的是，可以通过邮政系统，将其固定用作一种传输有声信件的工具。人们可以将他们的信件录到留声机的蜡卷上，做成邮件，留待日后播放。贝尔在发明电话机的时候，也犯了一个几乎一模一样的错误：他料想电话的主要用途之一，就是用来共享现场音乐。一个乐队或歌手坐在电话线的一端，听众则可以随意闲坐，通过另一端的电话扬声器欣赏美妙的音乐。就这样，这两个具有传奇色彩的发明家其实完全弄反了：最后，人们使用留声机来听音乐，使用电话机来和朋友交流沟通。

作为一种媒介形式，电话机最像邮政服务的一对一网络系统。在紧随其后的大众传媒时代，新的通信平台无可避免地向大型媒体创建者和被动消费者听众的模式靠拢。电话系统将成为更私密的通信模式（一对一，而不是一对多），这种情况一直持续到100年之后电子邮件的出现。电话的影响力巨大而广泛。国际长途电话使世界的联系更加紧密，纵然那些将我们联系起来的缆线直到最近才开始变得纤细。第一条能够使北美和欧洲的普通民众互通信息的横跨大西洋的电话线，直到1956年才架设成功。系统最初的配置，允许同时拨打24个电话。仅仅50年前，这是两个大陆之间语音通话的全部带宽。几亿个声音里，一次只能有24个声音进行交流。全世界最有名的电话被称为"红色电话"，它是白宫和克里姆林宫之间的热线；有趣的是，它最初的设计根本就不是一条电话线。在古巴导弹危机中，通信的惨败几乎引发了一场核战。这条热线就是在此之后建立的，它实际上是一台电传打字机，让两个超级大国能够快速而安全地互通信息。考虑到还有实时翻译的麻烦，语音通话看来太危险了。

发明家亚历山大·格雷厄姆·贝尔的实验室。在这里，他实验使用电传输声音。1886 年。

电话导致的变化不是那么显而易见。它将"你好"（Hello）这个词的现代含义普及化了——在谈话开始前，人们都用这个词互致问候——将它变成了世界上每个角落都能理解的一个词。电话交换台成为女性进入"专家"阶层的最初通道之一。（至 20 世纪 40 年代中期，仅 AT&T 一家公司就雇用了 250 000 名女性员工。）1908 年，AT&T 公司一位名叫约翰·J·卡迪（John J. Carty）的主管声称，电话对摩天大楼的巨大影响，可与电梯相提并论：

> 如果说贝尔及其继任者是摩天大楼这种现代商业建筑之父，也许这话听起来显得荒谬不经。但是且慢！让我们看看胜家大楼（the Singer Building）、熨斗大厦（the Flatiron Building）、芝加哥交易所大楼（the Broad Exchange）、纽约三一教堂（the Trinity）以及其他巨大的办公大楼，你认为每天有多少信息从这些大楼进进出出？假设没有电话，每个信息都不得不通过单个的信使来传送，又会怎么样？你认为这些大楼应该留出多少空间给必不可少的电梯？从经济角度来说，如果没有电话，这些建筑也就不可能存在。[5]

但是，电话最重要的遗产或许在于它所诞生的那个奇特而非凡的组织——贝尔实验室（Bell Labs），这个组织将会扮演一个至关重要的角色，20 世纪的每项主要技术几乎都源自于它。收音机、真空管、晶体管、电视机、太阳能电池、同轴电缆、激光束、微处理器、电脑、手机、光纤——所有这些现代生活的基本工具，全都来源于贝尔实验室最初的创新思维。它以"创意工厂"著称于世，并非没有道理。对于贝尔实验室，有趣的问题不在于它发明过什么东西。（这个问题的答案其实很简单：基本上所有新事物都是由它发明的。）真正的问题在于，为什么贝尔实验室能够从方方面面塑造 20 世纪。乔恩·格特纳（Jon Gertner）所著的《创意工厂》（The Idea Factory）是记叙贝尔实验室历史最权威的著作，它揭示了贝尔实验室无与伦比的成功的秘密。它的成功不在于天才荟萃、容忍失败、勇于冒险——贝尔实验室的这些特征，

爱迪生位于门洛帕克（Menlo Park）的著名实验室具备，世界上其他地方的
研究实验室也具备。真正使贝尔实验室从本质上不同于其他实验室的特征，
与反垄断法有关，也与它吸引的天才们有关。

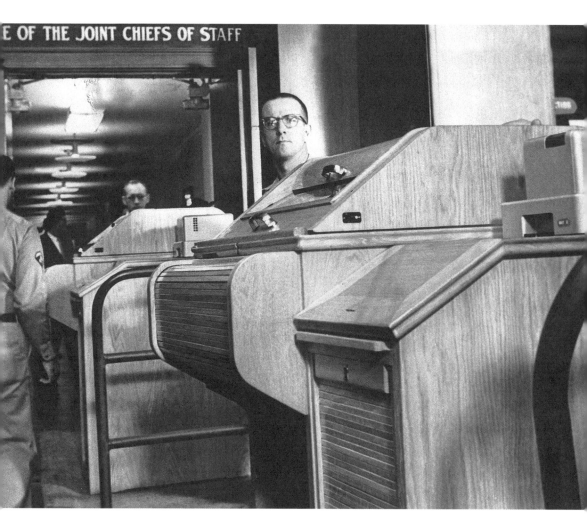

雇员正在安装"红色电话"。这条具有传奇色彩的热线连接着"冷战"期间的白宫和克里姆林宫。
华盛顿特区，美国白宫，1963 年 8 月 30 日。

早在 1913 年，AT&T 公司就一直与美国政府对抗，就其对国家电话服务的垄断控制展开较量。事实上，垄断是无可否认的。1930 年至 1984 年的任何时候，如果你想打个电话，你几乎无可避免地要用到 AT&T 公司的网络系统。由于不存在实质上的竞争，这家公司依靠垄断权赚得盆满钵满。70 年来，AT&T 公司使立法者们确信，他们的电话网络系统是一种"自然垄断"，同时也是必不可少的；对此立法者们徒唤奈何。这类电话线路实在过于复杂，各种五花八门的竞争公司根本驾驭不了；美国人要是想拥有一个值得信赖的电话网络，它只能由一家公司来运营。最后，美国司法部的反垄断法律师们达成了一项有趣的妥协，这一官司最终于 1956 年尘埃落定。AT&T 公司获准维持它对电话服务的垄断地位，但是，任何源自贝尔实验室的专利发明，都必须自由授权于发现其用途的任何美国公司。同时，所有的新专利授权时收取的费用必须适度，不可漫天要价。事实上，美国政府等于告诉 AT&T 公司，你可以保持你的利润不受损，但是，作为条件，你得把你的各种创意交出来。[6]

这种约定真是独一无二，以后我们也不可能再次见到。垄断权使公司建立起一项实际上没有限制的研发信托基金，但是出自这一研发中心的每项有趣的创意，都可立即被其他公司采纳。因此，从晶体管到电脑，再到手机，美国在战后电子工业上的大获成功，绝大部分归根于 1956 年的那一纸协议。多亏这份反垄断决议，贝尔实验室才成为资本主义历史上最奇特的混合产物：一个巨大的利润机器产生新的创意，而所有创意实际上又都社会化了。美国人为了使用电话服务不得不向 AT&T 公司缴纳"什一税"，但是 AT&T 公司研发的创新技术则属于每个人。

在贝尔实验室的历史上，最具革命性的技术突破之一出现在那些直接导致 1956 年协议产生的年月中。当时它引起的关注少之又少也在情理之中。它最终引发的革命尚且出现在将近半个世纪之后的未来，而且它的存在属于国家机密，几乎像"曼哈顿计划"（the Manhattan Project）[①]一样被密切监管。但无论如何，它是一座里程碑，而且又一次始于人类的嗓子所发出的声音。

首先创建贝尔实验室的创新发明是贝尔电话机，它带领我们跨越技术史上的临界阈值：有史以来第一次，物理世界的某种要素直接以电能的形式呈现出来。（电报已将人造符号转换为电流，但是声音既属于文化产物也属于自然产物。）某个人对着听筒说话，产生的声波变成电流脉冲，在另一端，这种电流脉冲再次转变成声波。在某种程度上，声音是我们第一个电气化的感官。（同一时期，由于灯泡的出现，电流使我们能够更清楚地观察这个世界；但是它无法将我们所看到的事物记录或传输几十年之久。）而且声波一旦通上电，它们就能以令人吃惊的速度穿越漫漫长途。

但是，尽管这些电信号非常神奇，它们却并非绝对可靠。电信号通过铜线从一个城市传输至另一个城市，在此过程中它们很容易衰减、损失信号，以及产生噪声。我们会看到，扩音器就是帮助解决这一问题的，它能够提高信号沿线路传输时的强度。但终极目标是一种纯粹的信号，能够完美再现人类嗓音的某种东西，它在电话网络系统中传输时不会衰变。有趣的是，最终实现这一目标的途径，开始时却另有所图：不是为了保持我们嗓音的纯粹性，而是为了保持它们的隐秘性。

---

① "曼哈顿计划"是美国陆军部于 1942 年 6 月开始实施的利用核裂变反应来研制原子弹的计划。为了先于纳粹德国制造出原子弹，该工程集中了当时西方国家（除纳粹德国外）最优秀的核科学家，动员了 10 万人参加，历时 3 年，耗资 20 亿美元，于 1945 年 7 月 16 日成功地进行了世界上第一次核爆炸，并按计划制造出两颗实用的原子弹。——译者注

第二次世界大战期间，大名鼎鼎的数学家阿兰·图灵（Alan Turing）和贝尔实验室的A·B·克拉克（A. B. Clark）通力合作，共同研发了一种代号为SIGSALY[①]的通信线路，它将人类语言的声波转换为数学公式。SIGSALY以每秒两万次的频率记录声波，捕捉瞬时声波的振幅和频率。但是这种录制方式不是通过将声波转换为电信号或蜡卷轴上的刻槽而进行的，而是将信息转换为数字，以0和1的二进制语言进行编码。事实上，"录制"这种说法属于用词错误。他们使用了50年后在嘻哈文化和电声乐手中惯常使用的一个术语，称这一流程为"采样"。实际上，他们是以每秒两万次的频率在拍摄声波的快照，只是这些快照是以0和1记录的，属于数字而非模拟。[7]

采用数字采样方式工作，传输声音就变得安全多了。任何一个寻找传统模拟信号的人，只会听到一阵数字噪声。（代码SIGSALY又名"绿色大黄蜂"，因为原始信息听起来就像这种昆虫发出的嗡嗡声。）与模拟信号相比，数字信号的数学加密同样有效得多。就算德国人截获并记录了数小时的SIGSALY信号传输，他们也无法解密。

由美国陆军通信兵部队一个特别小组开发，并由贝尔实验室研究员监管的SIGSALY，在1943年7月15日投入使用，当时五角大楼和伦敦之间进行了一场历史性的横跨大西洋通话。通话开始时，在谈话内容转入更急迫的军事战略问题之前，贝尔实验室的总裁O·E·巴克利（O. E. Buckley）就SIGSALY所代表的技术突破发表了一些介绍性的评论：

①　SIGSALY，也称X系统、X项目、密码电话I，或者"绿色大黄蜂"，它是为"二战"期间盟军最高层设计的一个经过数字加密的无线电话系统。SIGSALY不是首字母缩略词，没有什么含义。别名"绿色大黄蜂"则说出了这个语音通话系统的保密特征——窃听者只能听到像大黄蜂一样嗡嗡作响的噪声。——译者注

今天，我们聚集在华盛顿和伦敦，为一项新的服务，也就是保密电话进行剪彩。在战争的背景之下，这一重大事件由在场的其他人来评价，比起由我来评价也许更为合适。我想指出，作为一项技术成就，它必然算得上是电话技术的重大进步之一。它不仅代表了一个长期目标所取得的成就——无线电话信号传输达到绝密要求，而且它还代表了电话传输新方式的第一次实际应用，这必将产生深远的影响。[8]

要说有什么区别的话，那就是巴克利低估了那些"新方式"的重要性。SIGSALY 不仅仅是电话发展史的一座里程碑，它还是传媒与通信史上一个更具普遍意义的转折点。有史以来第一次，我们的体验可以进行数字化处理了。SIGSALY 背后的技术可以继续用于提供安全的通信线路；但它释放的真正颠覆性力量，将来自于它所拥有的另外一个怪异而奇妙的特性：数字复制能够成为完美无缺的复制。只要配备恰当，数字声音采样在传输和复制时能够保持完美的保真度。因此，现代媒体绝大部分动荡景象，例如以 Napster①为代表开始提供文件共享服务的音乐业再造，流媒体的兴起，以及传统电视网络的衰落，其实都可追溯到绿色大黄蜂的数字嗡嗡声。如果未来的机器人历史学家必须标注一个"数字时代"拉开帷幕的时刻，其重要性和意义不亚于 7月 4 日或巴士底日②，那么 1943 年 7 月进行的那次横跨大西洋通话无疑会高居榜首。我们想要重现人类嗓音的冲动，再次拓宽了临近可能性。有史以来第一次，我们对世界的体验变得数字化了。

---

① Napster 是一款可以从网络中下载自己想要的 MP3 文件的软件，同时能够让自己的机器也成为一台服务器，供其他用户下载。——编者注

② 7 月 4 日是美国独立日；巴士底日即 7 月 14 日，为法国国庆日。——译者注

SIGSALY的数字采样能够穿越大西洋，同样受惠于贝尔实验室协助创建的另外一项通信技术突破——无线电。有趣的是，尽管无线电最终成为充满人们说话声或歌唱声的一种媒介，但它在开始时并不是这样的。第一次正常运作的无线电传输是由吉列尔摩·马可尼（Guglielmo Marconi）以及其他几个发明家在19世纪最后20年几乎同一时期发明的，而且几乎完全用于发送莫尔斯电码。（马可尼称他的发明为"无线电报"。）但是，一旦信息开始通过无线电波传送，没过多久，那些擅长做改良工作的人和研究实验室也就开始考虑如何制作口头语言和组合乐曲。

其中有一个人名叫李·德弗雷斯特（Lee De Forest），他是20世纪最具才华、喜怒无常的发明家之一。德弗雷斯特在他位于芝加哥的家庭实验室里工作，一心琢磨如何将马可尼的无线电报和贝尔的电话结合起来。[9]他用一台火花隙式发射机做了一系列实验，这种设备产生一种明亮而单调的电磁脉冲能量，能被数英里之外的天线探测到，非常适合发送莫尔斯电码。一天晚上，德弗雷斯特在触发一系列脉冲的时候，注意到房间里发生了一件奇怪的事情：每次他制造一道火花，他煤气灯中的火焰就变成了白色，而且变得更大。德弗雷斯特心想，肯定是电磁脉冲以某种方式增强了火焰。闪烁的煤气灯光在德弗雷斯特的脑海里播下了一粒种子：不知何故，气体可用来增强微弱的无线电接收信号，也许强到一定程度，能用来传输话语这种信息更丰富的信号，而不只是传输莫尔斯电码断断续续的脉冲。此后，他会用他典型的夸张口吻写道："我发现了无形的空气帝国，它无影无踪，然而像花岗岩一样坚固无比。"

经过几年的反复试验，德弗雷斯特最终选定了一种充满气体的灯泡，它包含三个精确配置的电极，用于增强接收到的无线电信号。他称之为"三极真空管"。作为一种传输话语的设备，三极管性能强大，足以传输可被理解的信号。[10] 1910 年，德弗雷斯特使用一个配备三极管的无线电设备，完成了有史以来第一次人类声音的由舰至岸的无线电广播。但是，对于他的设备，德弗雷斯特抱负远大。在他设想的世界里，他的无线电技术不仅可用于军事和商业通信，还可用于大众娱乐，尤其是可以将他的狂热爱好——歌剧——变成人人都可以欣赏的东西。"我期待有一天，歌剧能够走进千家万户。"他对《纽约时报》说，同时还不那么浪漫地加了一句："有一天，甚至广告也可以通过无线电发送。"[11]

1910 年 1 月 13 日，纽约大都会歌剧院在演出《托斯卡》(*Tosca*) 的时候，德弗雷斯特将演出大厅的一个电话麦克风连接到屋顶的一个发射器上，第一次实现了现场公共无线电广播。德弗雷斯特可以说是最具有诗人气质的现代发明家，他后来这样描述他对这次广播的设想："越过那些最高的大厦的电磁波，以及站在大厦之间的人们，都没有察觉那些沉默的嗓音从他们的身旁掠过……然后，当它对他说话时，传来一段人人都喜爱的尘世旋律，他不禁十分好奇。"[12]

糟糕的是，第一次广播引发的好奇心，并没有它引发的嘲笑那么多。德弗雷斯特邀请成群的记者和重要人物，前来聆听他散置在城市各处的无线电接收器上的广播。信号强度非常糟糕，大家听到的东西，根本算不上一段人人都喜爱的尘世旋律，而更像是绿色大黄蜂莫名其妙的嗡嗡声。《泰晤士报》宣称整个行动就是"一场灾难"。美国律师甚至起诉德弗雷斯特涉嫌诈骗，指控他过分推销无线电技术中三极管的价值，导致他因此而坐过一段时间的牢。德弗雷斯特需要钱来支付官司费用，于是他将三极管专利以低廉的价格卖给了 AT&T 公司。

贝尔实验室的研究员开始研究三极管，他们发现了某种不寻常的东西。从一开始，德弗雷斯特对于他的发明的绝大部分应用都是错误的。煤气火焰的增大和电磁辐射毫无关系。它是由源自火花嘈杂声的声波而引起的。气体根本就没有检测到无线电信号并增强它；实际上，气体只会降低这种设备的效果。

　　但是，不知何故，一个美丽的创意潜伏在德弗雷斯特累积的所有错误之下，静待浮出水面。[13] 在接下来的 10 年里，贝尔实验室以及其他地方的工程师们修改了他的三电极设计，抽掉灯泡里的气体使之密封为完全的真空，将它改造成一个发射器，同时又是一个接收器。真空管由此诞生，它是电子行业革命首次伟大的技术突破，这种设备能够增强需要用到它的任何技术的电信号。电视、雷达、录音、吉他放大器、X 射线、微波炉、SIGSALY 的"机密电话"、最初的数字电脑，所有这一切都依赖于真空管。但是，将真空管引入家庭应用的主流技术却是无线电。从某种意义上说，德弗雷斯特的梦想实现了，一个空气帝国将人人都喜爱的旋律发送到了任何一个地方的起居室。然而，德弗雷斯特的想象将再次受挫于现实事件。通过这些神奇的设备演奏的旋律，除了德弗雷斯特自己以外，确实人人都喜欢。

　　无线电问世时就是一种收发两用的双向媒介，作为业余无线电这种应用一直持续到今天：个人爱好者通过无线电波彼此交谈，偶尔偷听一下其他人的对话。但是，直到 20 世纪 20 年代初，即将在这一技术中占首要地位的广播模式才发展出来。专业电台开始向那些在家里收听无线电接收机的人发送成套的新闻和娱乐节目。紧接着，某种完全出乎意料的事情发生了：由于有了声音的大众传媒，一种新的美国音乐开始大行其道；而在此之前，这种音乐几乎独属于新奥尔良、美国南部的沿河小镇，以及纽约和芝加哥的非洲裔

20世纪20年代末，美国发明家李·德弗雷斯特。

美国人社区。几乎一夜之间，无线电使爵士乐风靡全国。[14] 艾灵顿公爵（Duke Ellington）、路易斯·阿姆斯特朗（Louis Armstrong）这类音乐家变成了家喻户晓的名字。从 20 世纪 20 年代末开始，艾灵顿的乐队每周从哈林区的棉花俱乐部发送全国广播演出；此后不久，阿姆斯特朗成为第一个主持个人全国广播演出的非裔美国人。

　　这一切吓坏了德弗雷斯特，他向全国广播工作者协会（the National Association of Broadcaster）写了一封巴洛克风格的检举信："无线电广播是我的孩子，你们都对他做了什么？你们丑化了他，给他穿上拉格泰姆、摇摆舞和布吉伍吉的破烂衣裳。"事实上，与用于古典乐曲相比，德弗雷斯特协助发明的这一技术本质上更适合用于爵士乐。爵士乐通过早期调幅收音机压缩后细微的声音喷涌而出；而交响乐的大动态范围在转译过程中却会丧失掉大部分。"书包嘴"①的小号比舒伯特的精妙乐曲更适合在广播里演奏。

　　爵士乐和无线电的融合，实际上造就了席卷 20 世纪社会的一系列文化第一波浪潮。在世界上某些不起眼的角落里缓慢培育的一种新声音，例如新奥尔良的爵士乐，找到了进入无线电大众传媒领域的门径，让大人们生气，让小孩子兴奋。最初由爵士乐开辟的频道随后会充斥着来自孟菲斯的摇滚乐，来自利物浦的英国流行乐，以及来自中南部和布鲁克林的饶舌和说唱乐。无线电和音乐的某种东西似乎鼓励了这种模式，这是电视或电影未曾有过的现象：一种分享音乐的全国性传媒甫一出现，声音亚文化就开始在这种传媒上兴盛起来。在无线电出现之前，也存在所谓的"地下"艺术家，例如穷困潦

---

　　① "书包嘴"或"书包嘴大叔"是爵士乐手路易斯·阿姆斯特朗的昵称。因为阿姆斯特朗从小就有张大嘴，小时候同伴们常用夸张的绰号来取笑他。一次，阿姆斯特朗在接受音乐杂志采访时，记者这样称呼他；他听到后觉得这个简称很酷，索性就把它当作自己的外号。——译者注

作曲家艾灵顿公爵登台演出。约拍摄于 1935 年。

倒的诗人和画家，但是无线电帮助创建了一个以后会变得司空见惯的模板：昔日的地下艺术家，一夜之间成为家喻户晓的明星。

当然，爵士乐有一个关键的额外因素。那些一夜成名的明星，大多数是非裔美国人：菲灵顿、阿姆斯特朗、埃拉·菲兹杰拉德（Ella Fitzgerald）、比莉·哈乐黛（Billie Holiday）。这是一次意义深远的突破。有史以来第一次，白种人的美国向非裔美国文化敞开了客厅的大门，尽管只是通过调幅收音机的扬声器。爵士乐明星们为白种人的美国树立了一个非裔美国人的典范，他们也能够名利双收，人们崇敬他们作为艺人的技巧，而不是作为倡导者的言辞。当然，这些艺人中也有很多人成为位高权重的倡导者，例如比莉·哈乐黛的《奇异果》就讲述了美国南部一个私刑处死黑奴的悲惨故事。无线电信号使他们有了一种能够在现实世界里获得解放的自由。无线电波无视当时划分社会阶层的方式，无论白人世界还是黑人世界，富有阶层还是贫困阶层，无线电波对它们一视同仁。无线电信号天生色盲。和互联网一样，他们通过无线电信号打破的障碍，远远比不上生活在其中将他们隔离开来的世界产生的障碍。

随着爵士乐风靡全美，民权运动应运而生。对于很多美国人而言，民权运动的诞生是黑人美国和白人美国之间最初的文化共同基础，而这共同基础主要是由非裔美国人创建的。其本身是对种族隔离政策的巨大冲击。在 1964 年的柏林爵士音乐节上，小马丁·路德·金（Martin Luther King Jr.）在他的发言中清楚阐明了这种关系：

美国黑人中如此多的寻求身份认同活动受到了爵士乐音乐家的支持，这不足为奇。远在现代评论家和学者为"种族身份"这一多种族世界的问题而奋笔疾书之前，音乐家们就已经回归他们的血统，确认是什么在搅动他们的灵魂。我们在美国的自由运动的绝大部分力量来源于这种音乐。在勇气无能为力的时候，是它用悦耳的旋律为我们加油鼓劲儿。情绪低落之时，是它用丰富的和声使我们冷静下来。而现在，爵士乐已经风靡全球。[15]

和 20 世纪众多的政治人物一样，金对真空管心存感激还有另外一个原因。在德弗雷斯特和贝尔实验室开始使用真空管制作无线电广播之后不久，这项技术就被应用于越来越多的即时场合，以放大人的声音：为连接麦克风的扩音器提供动力；有史以来第一次使人们能够在大量人群面前说话或唱歌。电子管扩音器最终使我们能够从自新石器时代以来一直占据上风的声音工程中解放出来。现在，电能够替代回声的工作，而且效果增强了一千倍。

扩音设备产生了一种全新的政治事件，大众聚会可以围绕个别的演讲者而展开。在之前的一个半世纪里，群众在政治剧变中扮演了主要角色；如果要列举 20 世纪之前一个标志性的革命形象，可以参考 1789 年或 1848 年如潮水般涌向城市街头的人群。但是扩音设备引导着拥挤的人群，给了他们一个焦点，那就是领导者回荡在广场上、公园中或体育馆里的嗓音。在电子管扩音器出现之前，我们声带的局限性使我们很难同时面对一千个人说话。（歌剧演唱精巧复杂的声音式样，在很多方面是特意为了引出突破嗓音生物学限制的最大音量。）但是连接到多个扬声器的一个麦克风，将听力能及的范围拓展了若干数量级。没有一个人比阿道夫·希特勒（Adolf Hitler）更快地意识到并利用了这种新力量，他向超过 10 万追随者发表演讲的纽伦堡集会，全都聚焦于这位独裁者经过扩音器放大的嗓音上。如果将麦克风和扩音器从 20 世纪技术的工具箱里拿走，你也就拿走了这个世纪政治组织的定义形式，包括从纽伦堡集会到"我有一个梦想"。

电子管扩音设备也使可与政治集会相提并论的音乐演出成为可能，披头士乐队就举行了谢亚球场演唱会、伍德斯托克演唱会和"拯救生命"演唱会。但是，真空管技术的独特性同样也对 20 世纪的音乐产生了微妙的影响——不仅使音乐更响亮，也使它更嘈杂。

对于完全生长于后工业化世界里的我们来说，想要理解一两个世纪之前工业化的声音对人耳所造成的巨大冲击，是件很困难的事情。一种全新的不和谐交响乐突然进入了日常生活领域，在大城市里更是如此。金属和金属相撞，哐当作响；蒸汽机冒出白烟，隆隆前行。在很多方面，这种噪声就像大城市的人群和气味一样骇人听闻。到 20 世纪 20 年代，随着电放大的声音开始吞噬城市喧嚣余留的最后一片静谧之地，诸如曼哈顿噪声治理协会之类的组织开始倡导建设一个更安静的都市。贝尔实验室一个名叫哈维·弗莱彻（Harvey Fletcher）的工程师认同这个协会的使命，[16] 于是他建造了一辆配备最新的声音设备和贝尔工程师的货车，他们围绕纽约市的热点噪声缓慢行驶，检测音量。（音量检测单位"分贝"就源于弗莱彻的研究工作。）弗莱彻和他的团队发现，某些城市声音，例如施工时的铆接和钻孔声、地铁的轰鸣声，都处于听觉痛苦的分贝阈值。在以"噪声街"著称的科特兰街，临街展示的由最新的无线电扬声器发出的噪声，甚至盖过了高架铁路列车发出的声音。

但是，就在各噪声治理组织以规章制度和公共运动对抗现代噪声的同时，另外一种反应出现了。我们的耳朵并不排斥声音，而是开始在其中发现某种美妙的东西。自 19 世纪早期开始，日常生活的常规体验实际上就是培养噪声美学的训练期。但最终是真空管将噪声带给了大众。

自 20 世纪 50 年代开始，使用电子管放大器的吉他演奏者发现，当他们将放大器运用到极致时，一种新奇的声音出现了。一种嘎吱作响的噪声盖过了拨弄吉他琴弦本身产生的音符。从技术角度来说，这其实是放大器发生故障而产生的声音，由此导致它原定发出的正常声音出现了失真。在绝大多数耳朵听来，这就像是设备的某个地方被弄坏了。但是小部分音乐家在这种声音里听出了某种富有感染力的东西。20 世纪 50 年代，少数早期摇滚乐唱片就以吉他音轨的适度失真为特色；但是，直到 60 年代噪声艺术才真正大获成功。1960 年 7 月，一个名叫格雷迪·马丁（Grady Martin）的低音吉他手正在为马蒂·罗宾斯（Marty Robbins）的歌曲《别担心》录制一个重复乐段，这时他的放大器发生故障，发出一种严重失真的声音，今天我们称之为"模糊音质"（fuzz tone）。一开始罗宾斯想从歌曲中去掉它，但是制作人说服他将其保留下来。"谁都不知道这是什么声音，因为它听起来就像是萨克斯管发出的声音。"几年后罗宾斯说道，"又像是喷气发动机发出的声音。它有各种不同的声音。"[17] 受马丁重复乐段奇特而不可替换的噪声的启发，另外一个名叫"投机者"（the Ventures）的乐队邀请一位朋友共同研制一种能够故意添加模糊音效的设备。不到一年，市场上就出现了商业化的失真效果器；不出三年，凯思·理查兹（Keith Richards）在《心满意足》的起始重复乐段中大量使用失真音效，20 世纪 60 年代标志性的声音由此诞生。

一种类似的模式伴随一种最初令人讨厌的新奇声音发展出来，这种声音是放大扬声器和麦克风共享同一个物理空间时产生的，也就是反馈噪声的旋转缠绕与刺耳尖叫声。失真这种声音至少在听觉上多少类似于最初出现于 18 世纪的工业化声音。（因此就有了格雷迪·马丁低音线的"喷气发动机"音符。）但是反馈噪声是一种全新的事物，直到大约一个世纪之前扬声器和麦克风发明出来，它才找到了存在的形式。声音工程师千方百计想去掉唱片、演唱会环境和麦克风布置中的反馈噪声，于是他们没有截取扬声器发出的信号，由此形成无限循环的反馈噪声尖叫声。在这里，一种现象再次出现，就是某个人的故障却变成了另外一个人的音乐。例如，吉米·亨德里克斯（Jimi Hendrix）或"齐柏林飞船"（Led Zeppelin）乐队这类艺术家，以及此后类似"音速青年"（Sonic Youth）乐队这样的朋克实验主义者，都属于这种情况。毫无疑问，在 20 世纪 60 年代末那些充斥着反馈噪声的唱片里，亨德里克斯不只是在弹奏吉他，同时他还利用琴弦的振动、吉他本身类似麦克风的拾音以及扬声器制造出一种新声音，这一切都是建立在这三种技术复杂而不可预测的相互影响之上的。

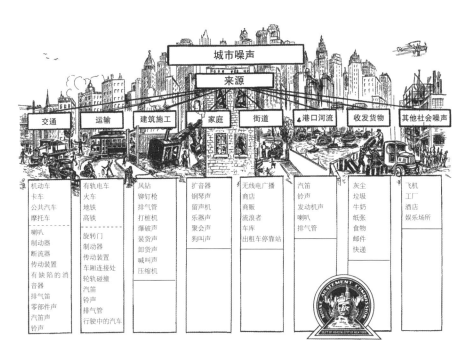

《城市噪声》（*City Noise*）一书中所示的声音分类示意图。

　　有时，文化创新来自于对各种新技术出乎意料的使用方式。德弗雷斯特和贝尔实验室在构建真空管的最初框架时，并没有想要发明公众集会；但是一旦拥有了可用于和很多人分享同一个声音的扩音设备，组织公众集会也就变成轻而易举的事情了。但有时候，创新来自于一种似乎不太可能的方式，就是故意利用故障，将噪声和错误转变成一种有用的信号。每一项真正的新技术都有一种真正的新的破坏方式，而且这类故障时不时地为临近性可能敞开了新的大门。以真空管为例，它将我们的耳朵训练得能够欣赏一种声音，而这种声音无疑会使李·德弗雷斯特惊恐万分，退避三舍。有时，一项新技术的破坏方式，几乎和它的工作方式一样有趣。

———

　　从勃艮第洞穴中尼安德特人的歌唱，到爱德华–里昂·斯科特·迪马丁维尔对着他的声波记振仪低吟浅唱，再到艾灵顿公爵从棉花俱乐部发送无线电广播，声音技术的故事始终聚焦于一个主题，就是如何扩展我们嗓音和耳朵的范围及强度。但是最令人惊奇的转折点将会出现在仅仅一个世纪前，这时人类首次意识到，声音还可用于其他方面，就是有助于我们看东西。

　　使用光向水手们发出信号，通知他们注意危险的海岸线，这种应用由来已久；建于公元前几个世纪的亚历山大灯塔，是世界著名的七大奇观之一。但是，在人们对灯塔最迫切的需要上，它们的表现不尽如人意。在暴风雨天气里，雾和雨交织在一起，灯塔发送的光往往变得模糊不清。很多灯塔使用警铃作为一种辅助信号，但是警铃声也很容易淹没于咆哮的海浪声中。然而声波却有一种奇特的物理属性，它们在水下传播时，比在空气中传播快四倍，而且大部分不受海平面以上杂乱声音的干扰。

1901 年，一个总部设在波士顿、名叫"水下信号"的公司开始制造一种通信工具系统，这个系统利用了水中声波的这一特性：每隔一段时间，水下警铃发出警报；这种用于接收水下信号的特制麦克风叫作"水听器"。水下信号公司在全世界那些尤为危险的港口和海峡建立了一百多个站点，在那里，配备了这家公司生产的水听器的水下警铃，一旦检测到过往的船只过于靠近岩石或浅滩，就会向它们发出警报。这个系统设计独特，但也存在不足之处。首先，只有在水下信号公司安装了警铃的地方，它才管用；此外，对于不太容易预测的危险，例如其他船只或冰山，它根本检测不了。

1912 年 4 月，"泰坦尼克"号在北大西洋沉没，冰山对航海造成的威胁变得越发显著。就在这次事故发生的几天前，加拿大发明家雷金纳德·费森登（Reginald Fessenden）在火车站偶遇水下信号公司的一个工程师。[18]一番短暂交谈之后，两人达成协议，费森登去这家公司看看最新的水下信号技术。费森登是无线电技术的先驱，曾负责过人声的第一次无线电传输，以及第一次莫尔斯电码横跨大西洋双向无线电传输任务。水下信号公司看重他深厚的专业背景，因此请求他帮助他们将水听器系统设计完善，以便能够过滤水声环境里的背景噪声。"泰坦尼克"号沉没的消息传来，这时距离他拜访水下信号公司刚刚四天时间。费森登像其他人一样对这一消息深感震惊，但与其他人不同的是，他有了一个创意，可用于避免以后发生类似的悲剧。

费森登最初的建议是，用一种连续的电动声调代替警铃，借助他在无线电技术方面的经验，这种声调也可用于传送莫尔斯电码。但是在尝试各种可能性的过程中，他意识到这个系统规模极为宏大。费森登的设备不只是监听专门设计并安装的警示站点发出的声音，而且能够在船上产生它自身的声音，并能监听这些新声音碰到水下物体时反弹回来的回声，就像海豚在海里遨游是使用回声定位来导航一样。这些原理曾经将洞穴吟唱者吸引至屈尔河畔阿尔西洞穴极具回音效果的地方，如今费森登借用了同样的原理，调整设备的频率，使之仅能与一小部分频谱（大约 540 赫兹）产生谐振，这样就能过滤掉水声环境里的所有背景噪声。他最初称之为"振动器"，这个名称多少有些令人不快，于是几个月之后，他最终将其称为"费森登振荡器"。这个系统既能发送也能接收水下电报，同时也是世界上第一个实用的声呐设备。

在这里，世界历史事件的时间选择再次凸显了费森登奇妙玩意儿的出现恰逢其时。他的工作模型完成后仅一年，第一次世界大战爆发了。游弋于北大西洋的德国潜艇对海上航线造成的威胁，甚至超过了撞沉"泰坦尼克"号的冰山。[19] 对费森登而言，这一威胁尤为严重，因为作为一个加拿大公民的他是英帝国狂热的爱国者。（他似乎也是一个边缘种族主义者，后来他在回忆录中提出一个理论，论及"具有英格兰血统的金发男人"为何在现代创新史上具有核心地位。）但是美国参战尚在两年之后，因此水下信号公司的高管们没有他那份对英国米字旗的忠诚。面对研发两项革命性新技术的金融风险，公司决定制造并销售振荡器，将其作为一种专门的无线电报设备。

最终费森登自掏腰包，一路赶往英国朴次茅斯，试图说服英国皇家海军投资他的振荡器，但是他们对这个神奇的发明将信将疑。费森登后来写道："我请求他们，哪怕只是让我们打开盒子，让他们看一眼这个仪器到底是什么样子也行。"[20] 但是他的请求最终无人关心。直到第二次世界大战，声呐设备才成为海战中的标准部件。至 1918 年第一次世界大战结束，超过一万人丧生于德国潜艇的攻击。为了抵挡这些海底霸王，英国人以及最终参战的美国人实验了无数的攻击性和防御性措施。但具有讽刺意味的是，最有价值的防御

1906 年，无线电开发者雷金纳德·费森登在测试他的发明。

性武器原本可以是一种简简单单的 540 赫兹声波，它遇到德国潜艇的船体就会反射回来。

在 20 世纪后半叶，回声定位原理运用的领域，将远远超过探测冰山和潜艇。渔船以及业余渔夫都使用类似于费森登振荡器的各种设备来探测他们的捕鱼量。科学家使用声呐设备来探索我们的海洋最后一个大奥秘，揭示了隐秘的海底地貌、自然资源以及断层线。当初"泰坦尼克"号的沉没启迪了雷金纳德·费森登构想出最初的声呐设备，80 年过后，一个美国和法国联合研究小组使用声呐设备，在 12 000 英尺深的大西洋海底发现了这艘沉船。

但是，费森登的创新发明在陆地上最具革命性效果。在这个领域，使用声音检查母亲子宫的超声波设备，彻底改变了产前保健。使今天的婴儿和他们的母亲毫无例外地脱离并发症的威胁，而在不到一个世纪之前，这些并发症足以致命。费森登曾经希望，他使用声音来看见东西的创意能够挽救人的生命；尽管他无法说服当局将他的创意用于探测德国潜艇，他的振荡器最终还是挽救了几百万人的生命，不仅是在大海上，而且是在他永远也不会想到的一个地方——医院里。

当然，超声波最为人熟知的使用领域包括检测怀孕早期婴儿的性别。现在，我们习惯于以二进制术语来思考信息，0 或者 1，一个连接的或断开的回路。但是在全部的生命体验中，还存在少数二进制十字路口，例如你尚未出生的孩子的性别。你会有一个女孩，还是男孩？有多少足以改变生命的影响溢出于这个简单的信息单位之外？像很多人一样，我和妻子也使用超声波知道了我们孩子的性别。现在我们有其他更精确的确定胎儿性别的方式，但我们最初是通过将声波从我们未出生的孩子正在生长的身体上弹回，才逐渐了解这门知识的。就像轻松游走于屈尔河畔的阿尔西洞穴的尼安德特人，是回声在引导他们前行的道路。

然而，这一创新发明也有黑暗的一面。在一些国家，例如传统文化极其重视男性后代的中国，超声波技术的使用就导致了性别选择性堕胎越来越多。20世纪80年代初，超声波设备在中国大行其道，尽管不久后政府明令禁止使用超声波检测胎儿性别，但人们"走后门"使用这一技术来选择胎儿性别的行为屡见不鲜。到20世纪80年代末，全中国医院的新生儿出生男女比例将近110∶100，有些省份报告的这一比例高达118∶100。[21] 有人制造了一种机器，来监听从冰山反弹回来的声波；而几代之后，由于同一技术，几百万的女性胎儿被打掉了。

即使不考虑堕胎本身的问题，更别提性别选择性堕胎，现代中国倾斜的性别比例也包含了几个重要的教训。首先，它提醒我们，没有哪种技术进步纯粹只有积极的影响。对于每一艘幸免于撞上冰山的船只，都有无数的妊娠因为缺少一个Y染色体而被迫终止。技术的前进有其内在的逻辑，但技术的道德运用取决于我们自己。是使用超声波来挽救生命还是终止生命，我们能够自行决定。（更具挑战性的是，我们能够使用超声波来探测一个仅仅几周大的胎儿的心跳，生命的界线因此而变得模糊不清。）就绝大部分而言，技术和科学进步的临近性指示了接下来我们能够发明什么。无论你多么聪明，在发现声波之前，你不可能发明超声波。但是我们怎么决定使用那些发明呢？这是一个更为复杂的问题，需要一套不同的技巧来回答。

但是，在声呐和超声波的故事里，还有一个充满希望的教训，那就是我们的发明创造能够多么快速地跨越传统影响的界线。远在成千上万年之前，我们的祖先就首次注意到了回声和反响具有改变人类嗓音的声波性质的力量；若干世纪以来，从大教堂到音墙，我们利用这些性质来提高我们声带的范围和强度。但是很难想象，两百年前任何一个研究声音物理学的人预测说，这些回声将可用于跟踪海底武器，或确定一个未出生的孩子的性别。人耳听来最动人、最直觉的声音，例如我们唱歌、欢笑、分享消息或闲聊时发出的声音，由它们引发的创新发明，已被转变成为战争与和平、死亡与生存的工具。就像电子管放大器失真的尖叫声，它并不总是一种令人愉悦的声音。然而，历史一再证明，它有着出乎意料的回音。

第四章　清洁

HOW WE GOT
TO NOW

1856 年 12 月，芝加哥一个名叫埃利斯·切萨布鲁夫（Ellis Chesbrough）的中年工程师远渡重洋，打算观赏欧洲大陆的名胜古迹。[1] 他造访了伦敦、巴黎、汉堡、阿姆斯特丹，以及其他六个城市，这是一次典型的游学旅行。但是切萨布鲁夫不打算学习罗浮宫或大本钟的建筑，反而想学欧洲工程那些看不见的成就。他到这里是想学习下水道的技术。

在 19 世纪中叶，芝加哥这座城市迫切需要排污的专业技术。大平原的小麦和腌制猪肉都必须经过这里运往沿海各个城市，芝加哥作为交通枢纽的地位变得日益重要，因此在大约几十年的时间里，它从一个小村庄发展成为一个大都市。但是不像同一时期高速发展的其他城市（例如纽约和伦敦），芝加哥有一个明显不利的方面，就是第一批人类到这里定居之前，几千年来有一条冰川在缓慢移动，导致这里地势极为平坦。在更新世时期，广袤的冰原从格陵兰岛缓慢移动，将今天的芝加哥覆盖在厚度超过一英里的层层冰川之下。[2]
冰川融化时形成的一片巨大的水域，就是地理学家现在所称的芝加哥湖。湖水逐渐排干，最终形成了密歇根湖，它磨平了冰川留下来的黏土矿床。绝大多数城市都有一道可靠的降坡通往环绕它们的河流或港口。相比之下，芝加哥就是一块烫衣板；对于美洲大平原的这个大都市来说，这个特点非常合适。

在异常平坦的土地上建造城市似乎是件好事；你也许会想，类似于旧金山、开普敦或里约这样的多山地区会遇到更多的工程问题，修建和运输是个大麻烦。但是平坦的地势不利于排水。在 19 世纪中叶，以重力为基础的自流排水是城市下水道系统的关键。芝加哥的地势还有一个大问题是透水能力极差。因为雨水无处可去，夏季的暴雨会在几分钟之内将表层土壤变成一片泽国。后来成为芝加哥首任市长的威廉·巴特勒·奥格登（William Butler Ogden）第一次涉水走过这座被雨水浸泡的城市时，发现自己"身陷膝盖深的泥水里"。之前，奥格登的姐夫看好这个边陲城镇的发展前景，大胆一搏在这里购置了土地。奥格登在写给他的信中说道："你这笔买卖真是愚蠢透顶。"[3]
在 19 世纪 40 年代末，泥淖上搭建起木板做的道路；当时的人注意到，时不时会有一块木板坏掉，然后"黑绿黑绿的烂泥从缝隙之间喷涌出来"。[4] 打扫卫生主要依靠在大街上四处游荡觅食的猪，它们将人类留下的废物扫荡一空。

19 世纪 50 年代，芝加哥的铁路和航运网络高速发展，城市规模剧增至原来的三倍。这一发展速度给城市的住房和运输资源带来了挑战，但是最大的压力来自某个与粪便紧密相关的问题。当城市里新来了将近 10 万居民，他们会排泄大量的粪便。[5] 当地一篇社论宣称："排水沟里屎尿横流，污秽不堪，连猪都扬起鼻子，显得无比厌恶。"[6] 我们很少考虑这一问题，但是城市的发展和活力始终依赖于我们能否管理好人们聚集在一起时产生的大量排泄物。

自人类居住地一开始出现，考虑将全部排泄物运送到哪里去，其重要性不亚于考虑如何建造居所、市镇广场或超级市场。

对于正在经历高速发展的城市而言，这个问题显得尤为严重，就像我们今天在特大城市的贫民窟和棚户区看到的情况。当然，19 世纪的芝加哥既要处理人类排泄物，也要处理动物排泄物；大街上拉车的马随处可见，围栏里的猪和牛等待宰割。（"拉什街桥下的河水一片血红，这条河流过我们工厂。"一个实业家写道，"我也不知道，这会带来什么瘟疫。"）[7] 这一切污物造成的影响，不只是感官上难以忍受，而且足以使人致命。19 世纪 50 年代，霍乱和痢疾这类流行病时有发生。1854 年夏天暴发的霍乱，导致每天有 60 人丧生。当局尚未完全理解废物和疾病之间的关系，他们中的大多数人认可当时占主流地位的"瘴气"理论，认定这种流行性疾病是由有毒的蒸汽引起的，在人口稠密的城市里，人们吸入的这些蒸汽有时被称为"死亡之雾"。[8] 真正的传播途径其实是排泄物里携带的细菌污染了水源，但这需要十年之后才成为传统观点。

但是，尽管他们的细菌理论尚未获得完全的发展，芝加哥市政当局有一点做得还是正确的，就是他们将清理城市和对抗疾病基本联系起来。为了解决这一问题，1855 年 2 月 14 日，芝加哥下水道管理委员会宣布成立；他们的首次行动是宣布寻找"当今最能干的工程师来担任总工程师一职"。[9] 不到几个月，他们有了中意人选，就是埃利斯·切萨布鲁夫。他是一位铁路官员的儿子，从事运河与铁路项目方面的工作，当时正担任波士顿水厂（the Boston Water Works）的总工程师。

这是一个明智的选择。后来的事实证明，切萨布鲁夫铁路与运河工程方面的背景，在解决芝加哥平坦而不透水的地势问题上具有决定性的作用。在地下深处修建下水道，由此而形成一道人造降坡被认为造价高昂。使用 19 世纪的设备在地表以下如此深的地方挖掘隧道是一项艰巨的工作，而且整个方案需要在处理的最后阶段将废物再次抽到地面上来。但是，在这个问题上，切萨布鲁夫独特的历史经验帮助他想出了一个替代方案；他联想到自己年轻时在铁路上工作见过的一种工具，就是螺旋千斤顶，这个设备用来将机车抬入铁轨。如果你无法深挖隧道而形成一道合适的排水降坡，为什么不用螺旋千斤顶将城市抬起来呢？

年轻的乔治·普尔曼（George Pullman）后来通过制造铁路客车而发了大财。在他的帮助下，切萨布鲁夫发起了 19 世纪规模最为宏大的工程项目之一。芝加哥的一座座建筑被大批工人使用螺旋千斤顶抬了起来。[10] 随着千斤顶将建筑一英寸接一英寸地往上抬，工人们在建筑的地基下面挖洞，然后安装上支撑建筑的厚厚的木材；而大厦则争相在这一结构下建造一个新的地基。下水管道嵌入建筑的底部，主要的管道流向街道中央，然后埋入疏浚芝加哥河时形成的堆填区，这样就把整个城市平均抬高了将近 10 英尺。今天，漫步于芝加哥闹市区的游客通常会惊叹于城市壮观的天际线所展现的高超的工程技艺；但他们意识不到，他们脚底下的地面同样也是了不起的工程产品。（毫不奇怪，因为乔治·普里曼曾经参与过这一极其艰巨的工作，所以几十年后当他在伊利诺伊州的普里曼小镇开始建造他的现代化工厂时，在每次破土动工之前，他第一步就是安装下水道和输水管道。）

令人惊奇的是，在切萨布鲁夫的团队将城市建筑抬高的过程中，城市生活一切如常却基本上不受影响。一位英国游客目睹一座重达 750 吨的旅馆被抬了起来，禁不住在信中如此描述这一超现实体验："人们在旅馆里进进出出，吃喝睡觉。旅馆的整个业务有条不紊地进行着，丝毫不受影响。"[11] 随着

埃利斯·切萨布鲁夫，约 1870 年于芝加哥。

工程的推进，切萨布鲁夫和他的团队在他们试图抬起的建筑上变得越发大胆。1860 年，工程师们抬起了半个城市街区，将近一英亩见方、大约35 000 吨重的 5 层建筑被超过 6 000 个螺旋千斤顶抬了起来。为了给安装下水道让道，其他建筑不仅被抬了起来，还需要移走。一位游客回忆道："在我逗留期间，没有一天见不到一座或几座房屋在进行迁移工作。一天，我碰到了 9 起。去麦迪逊大道的时候，我们的马车不得不两次停下来，以便让房屋先搬过去。" [12]

A NEW AMERICAN INVENTION: RAISING AN HOTEL AT CHICAGO.

芝加哥一座砖结构的酒店——布里格斯酒店被抬了起来。约 1857 年。

最终的结果就是，芝加哥成为全美第一个拥有综合性下水道系统的城市。不到 30 年，美国超过 20 个城市步芝加哥后尘，规划并安装了它们自己的下水道地下网络。[13] 这些大规模的地下工程项目所创建的模板，将会定义 20 世纪的大都市。作为一个系统，城市可由地表下面的服务所构成的一个看不见的网络来支撑。1863 年，第一辆蒸汽机车牵引的列车驶过伦敦的地下隧道。1900 年，巴黎地铁开通，随后不久纽约地铁剪彩。地下人行道、汽车快车道、电子和光纤线缆盘绕在城市的街道底下。今天，地底下存在完全平行的世界，为它们上面的城市提供动力和支持。提到城市，我们第一直觉是想到气势恢宏、直插云霄的天际线。但是，如果没有地面之下的隐秘世界，那些宏伟壮观的城市大教堂是不可能出现的。

———

在这一切成就之中，除了地下列车和高速互联网线缆之外，最基本也最容易被忽视的是部分由于下水道系统而成为可能的一个小奇迹——通过水龙头喝上一杯洁净的饮用水。就在 150 年前，在全世界的城市里，喝水实际上是一种玩命的行为。当我们思考 19 世纪都市化明确的杀手时，我们会自然而然想到在伦敦大街上神出鬼没的开膛手杰克（Jack the Ripper）①。但是，维多利亚时代城市的真正杀手，却是由受到污染的供水系统引起的疾病。

毫不夸张地说，这是切萨布鲁夫设计的芝加哥下水道方案中的一个致命

---

① "开膛手杰克"是 1888 年 8 月 7 日到 11 月 8 日期间，在英国伦敦东区的白教堂（Whitechapel）一带以残忍手法连续杀害至少五名妓女的凶手代称。犯案期间，凶手多次写信至相关部门挑衅，却始终未落入法网。其大胆的犯案手法，又经媒体一再渲染而引起当时英国社会的恐慌。至今他依然是欧美文化中最恶名昭彰的杀手之一。——译者注

缺陷。他想出了一个聪明绝顶的策略，将大街、厕所和地下室在日常生活中产生的废物带走；但是，他设计的下水管道几乎全都通向芝加哥河，而芝加哥河直接流入密歇根湖，后者是这个城市饮用水的主要来源。时至19世纪70年代初，芝加哥的供水系统变得如此恶劣不堪，甚至连水池或浴缸中都能发现死鱼，它们是被人类污物毒死的，然后被吸入了城市的供水管道。夏季的时候，据一位观察者所说，鱼"一出来就像是烹煮过的；浴缸中的水，经常是有洁癖的市民口中所谓的一锅杂烩汤"。[14]

工人们在伦敦国王十字区修建大都会线地铁工程。

厄普顿·辛克莱（Upton Sinclair）的长篇小说《屠场》（*The Jungle*）通常被认为是政治激进主义社会丑事揭发传统中最具影响力的文学作品。这本书的部分力量来自于它通过文学手法揭发社会丑事，极其详尽地描述了世纪之交芝加哥的污秽不堪，例如它对芝加哥河一条支流、有着美妙名字的泡泡河（Bubbly Creek）的描述：

> 倒入其中的动物油脂和化工原料经历了各式各样的奇怪变化，这是它的名称的由来；它始终处于活动之中，永无停歇，就像大鱼在其中吃食，又像巨大的水怪在河水深处嬉戏。二氧化碳造成的气泡浮出水面，旋即破灭，形成了两三英尺宽的环带。到处都是动物油脂和污物结成的硬块，河流看起来就像一片熔岩；鸡在上面转悠、吃食，很多时候一个冒失的陌生人开始在附近溜达，过一阵又不见了。[15]

芝加哥的经验被复制到了全世界。下水道从人们的地下室和后院里带走了人类排泄物，但往往只是简单地将其倒入饮用水的供应系统——或者以直接的方式，如芝加哥的情况；或者以间接的方式，如下大暴雨的时候。仅仅依据城市本身的规模来规划污水管线和供水管道，对于保持大城市的洁净与健康来说是不够的。我们需要知道微生物世界正在发生什么。我们需要知道与疾病有关的细菌理论以及如何远离细菌的伤害。

当你回过头去看医学界对细菌理论的最初反应时，你会发现这一反应不只是滑稽可笑，甚至可以说是不动脑子。有一个故事家喻户晓，讲到匈牙利医生伊格纳茨·塞麦尔维斯（Ignaz Semmelweis）在1847年首次提议内科医生和外科医生在照顾病人之前要洗手，结果遭到了医疗机构的大肆嘲笑和批评。

（基本的消毒行为在医学界确定下来花了将近半个世纪的时间，这已是塞麦尔维斯失去工作、死于疯人院很久之后的事情了。）另一个不是那么有名的故事讲到，塞麦尔维斯最初的论点是建立在对产褥热的研究之上的，患这种病的女性在产后不久即去世。在维也纳总医院工作的时候，[16] 塞麦尔维斯无意中碰到了一次令人担忧的自然实验：该医院有两个产房，一个是给有钱人准备的，由内科医生和医科学生看护；另一个是给工薪阶层准备的，她们则由助产士照料。由于某种原因，工薪阶层产房的产褥热死亡率低很多。塞麦尔维斯对两种环境都进行了研究，结果发现，内科医生和医科学生精英们在接生婴儿和进行太平间尸体研究工作之间来回转换。显然，某种传染源从尸体传给了新妈妈们。只要简单采用漂白粉之类的消毒剂，感染循环就会在途径上被切断。

在过去的一个半世纪里，很多事情改变了我们对清洁的理解，这种改变有多大，下面的故事提供了绝佳的范例：塞麦尔维斯饱受嘲笑并惨遭解雇，并不只是因为他胆敢提议医生应该洗手，而是因为他提议，如果医生想要在同一个下午接生婴儿又解剖尸体，他们就应该洗手。

这只是众多例子之一，表明我们的基本辨识力偏离了我们 19 世纪的先辈的辨识力。在很多方面，他们的外貌举止和现代人没什么不同。他们也要坐火车，安排会议，去餐馆吃饭。但是，时不时地，在我们和他们之间，会出现某种奇怪的鸿沟，不只是明显的技术精巧方面的鸿沟，而是更微妙的、观念方面的鸿沟。在当今的世界里，我们思考卫生的方式根本不同于前人。例如，淋浴这个概念，对于 19 世纪绝大多数的欧洲人和美洲人来说是陌生的。你或许会理所当然地认为，淋浴之所以是一个陌生的概念，只是因为前人没有自来水、室内水管装置和淋浴器这些发达国家中的我们大多数人习以为常的东西。但实际上，故事比这复杂得多。在欧洲，自中世纪开始并几乎一路流传到 20 世纪的关于卫生的普遍观点坚持认为，将身体浸入水中是一件特别不健康甚至很危险的事情。用污垢和油脂堵住毛孔，据说可以保护你远离疾病。"沐浴让人的脑袋充满蒸汽，"1655 年一个法国医生忠告说，"它是神经和韧带的敌人，会使它们变得松弛，很多人沐浴后毫无例外都会得痛风。"[17]

在 17 世纪至 18 世纪有关王室的描述中，你能最清楚地看到这种偏见的力量。换句话说，他们是毫不犹豫就能修得起浴室的人。伊丽莎白一世（Elizabeth Ⅰ）每个月勉强洗一次澡；与同时代的人相比，她可是一个名副其实的有洁癖的人。孩提时代的路易十三（Louis XIII）在 7 岁之前从来没有洗过澡。[18] 赤身裸体地坐在一个水池里，不符合欧洲人的文明习惯；这是中东浴室的野蛮传统，和巴黎或伦敦的上流贵族毫无关系。

从 19 世纪早期开始，人们的态度逐渐发生改变，在英国和美国尤为明显。查尔斯·狄更斯（Charles Dickens）在他位于伦敦的家中建造了一个精致的冷水淋浴浴室，大力提倡每天冲凉，冲凉既能让人精力充沛，又能促进健康。一种比较小众的自助图书和小册子出现了，教导人们如何洗澡，其详尽和繁复程度，就像在今天教导人们如何降落一架波音 747 飞机一样。在乔治·萧伯纳（George Bernard Shaw）的戏剧《卖花女》（*Pygmalion*）里，希金斯教授改造伊丽莎·杜利特尔的最初步骤，就包括让她先洗个澡。（"你想让我到那里面去，全身都湿透？"她抗议道，"不行，这样我会死的！"）哈里耶特·比彻·斯托（Harriet Beecher Stowe）和她的姐姐凯瑟琳·比彻（Catherine Beecher）于 1869 年出版了她们影响深远的《美国女人居家指南》（*The American Woman's Home*），在书中她们提倡每天沐浴。[19] 革新者开始在全国的城市贫民窟修建公共浴池和淋浴间。历史学家凯瑟琳·阿申伯格（Katharine Ashenburg）写道："到 19 世纪最后一个十年，清洁不仅与虔诚紧

英国健康教育中央委员会（Central Council for Health Education, 1927~1969）发布的海报。1955年。

密联系起来，而且已经成为一种美国方式。"[20]

洗澡的益处，并不像我们今天想象的那样不言而喻。这些益处需要人们发现和倡导，主要通过社会变革和口口相传。有趣的是，在洗澡获得广泛接受的 19 世纪，有关肥皂的讨论却寥寥无几。说服人们相信，水不会杀了他们，光做到这一点，就已经很不容易了。（我们会看到，当肥皂在 20 世纪最终成为主流时，它是由另外一个全新的事物——广告推动的。）但是，沐浴倡导者的支持来自于几项重要的科学与技术发展的融合。公共基础设施的进步，意味着人们有可能在家里将自来水注满浴缸，而且这种可能性越来越大；意味着与几十年前相比，水变得更洁净了；最重要的是，意味着有关疾病的细菌理论已经脱离边缘观念，获得了科学界的一致认可。

这种新的典范是通过两种平行的研究达成的。首先是约翰·斯诺（John Snow）在伦敦所做的流行病学研究，他通过画出索霍区（Soho）流行病死亡案例的分布图，第一个证明了霍乱是由受污染的水而不是由毒气引起的。斯诺始终未能发现直接引起霍乱的细菌；当时的显微镜技术几乎不可能发现如此微小的生物体（斯诺称之为"微生物"）。但是他根据伦敦街头的死亡类型，间接检测到了这些生物体。斯诺认为疾病是通过水传染的，他的这一理论是对"瘴气说"第一次决定性的重击，尽管他自己没能活到亲眼看到他的理论胜利的那一天。1858 年，斯诺早逝，《柳叶刀》（*The Lancet*）①

---

① 英国医学杂志《柳叶刀》于 1823 年由汤姆·魏克莱（Thomas Wakley）创刊，是目前世界医学界最权威的学术刊物之一，主要由爱思唯尔（Elsevier）出版公司发行，部分由李德·爱思唯尔（Reed Elsevier）集团协同出版。创刊时魏克莱以外科手术刀"柳叶刀"（Lancet）的名称来为这份刊物命名，而"Lancet"在英语中也有"尖头窗"的意思，借此寓意期刊立志成为"照亮医界的明窗"（to let in light）。——译者注

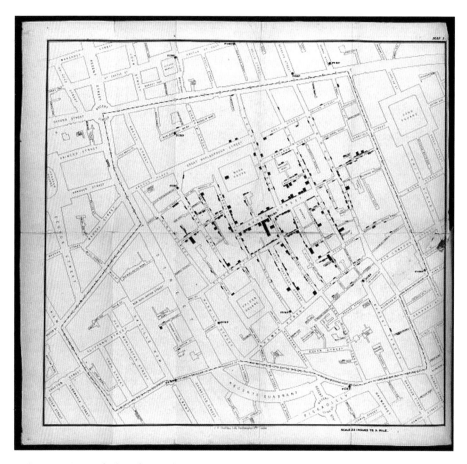

约翰·斯诺画的索霍区霍乱分布图。

杂志发布了一份简短的讣告，绝口不提他在流行病学上的突破性研究工作。2014 年，这份杂志对讣告进行了多少有些迟到的"更正"，详细论述了这位伦敦医生对公共健康做出的影响深远的贡献。

这一现代综合学说将会取代"瘴气说"，它认为霍乱和伤寒这类疾病和气味无关，其实是由在受污染的水里快速繁殖的看不见的生物体引起的。这一学说最终再次依赖于玻璃方面的一项创新。19 世纪 70 年代初，德国镜片制造商蔡司光学工厂（Zeiss Optical Works）开始生产新的显微镜，这是第一次依据描述光的行为的数学公式建造出来的设备。这些新的镜片，引发了罗伯特·科赫（Robert Koch）之类的科学家在微生物学方面的研究，使他成为首批识别霍乱细菌的科学家之一。（科赫因其研究工作于1905年获得诺贝尔奖，此后他写信给卡尔·蔡司说："我的成功，很大部分归功于您性能卓越的显微镜。"[21]）科赫和他最大的竞争对手路易·巴斯德（Louis Pasteur），利用显微镜帮助发展并广为传布引起疾病的微生物理论。从技术角度来看，19世纪公共健康领域的这次伟大突破——人们了解到无形的细菌也能危及生命——其实是地图和显微镜之间一种团队努力的结果。

今天，科赫广受赞誉，因为他通过那些蔡司镜片识别了无数微生物。但是，他的研究也导致了一项同样重要的相关突破，尽管不是那么受欢迎。科赫不仅看到了细菌，而且研发了一套复杂的工具，能够测量一定体积水里的细菌密度。他将受污染的水和透明凝胶相混合，然后观察玻璃盘上细菌菌落的生长情况。科赫确立了一个测量单位可用于任何体积的水，每毫升水中低于100菌落即可认为安全饮用水。[22]

新的测量手段产生了新的制作方法。能够测量细菌密度之后，就有一系列全新的方法能够应对公共健康的挑战。在采用这些测量单位之前，你只能以旧有的方式检测水系统的改进情况：你建造一个新的下水道、水库或输水管道，然后等着看看死的人会不会少一些。但是，能够采一份水样然后凭实践经验确定它有无污染，就意味着实验周期能够大幅缩短。

显微镜和测量法在抗击微生物的战斗中很快开辟了一条新的战线。可以使用化学物质来直接攻击微生物，而不必通过将废物运到远离饮用水的地方来间接抗击微生物。在这第二战线上，主要的战士之一是一个名叫约翰·李尔（John Leal）的新泽西医生。就像他的前辈斯诺一样，李尔也是一个医生，但同时也对更广泛的公共健康问题怀有强烈的兴趣，特别是有关供水污染问题。这一兴趣源自一出个人悲剧。[23] 内战期间，他的父亲因为喝了感染细菌的水，结果久卧病床，痛苦而死。这一期间，受污染的水和其他健康风险导致的威胁有多大，他父亲在战争中的经历为我们刻画了一幅令人信服的统计图像。第 144 团在战斗中阵亡 19 人，而在战争期间死于疾病的人数却高达 178。

李尔实验了各种杀灭细菌的技术，但早在 1898 年，一种特殊的有毒物质就开始引起他的兴趣——次氯酸钙。这种具有潜在致命性的化学物质更多地被称为氯，当时又叫"漂白粉"。作为一种公共卫生处理剂，这种化学物质已经获得广泛使用。那些感染伤寒或霍乱的房屋和社区，通常使用这种化学物质来消毒，在治疗由水传播的疾病方面，这种干预毫无作用。但是，将氯掺入水中的想法尚未深入人心。在整个美国和欧洲，城市居民脑海里漂白粉强烈而刺鼻的气味总是与流行病联系起来，难以磨灭。毫无疑问，人们在自己喝的水里绝对不想闻到这种气味。绝大多数医生和公共卫生当局都拒绝了这种方法。一个著名的化学家抗议道："用化学物质来消毒，这种想法本身就令人反感。"但是，李尔掌握的工具使他既能看到伤寒和痢疾这类疾病后面的病原体，也能测量它们在水中的总体情况，因此他坚信，只要剂量适当，氯能够除掉水里的危险细菌，这种方法比任何其他手段更有效，而且不会对喝水的人造成危险。

最后，李尔在泽西城供水公司找到一份工作，监管帕塞伊克河（Passaic River）集水区 70 亿加仑的饮用水。这份新工作为公共健康历史上最奇特、最大胆的一次干预做好了准备。1908 年，因新近完工的水库和输水管道，公司陷入了一场旷日持久的官司，相关合同价值约为今天的几亿美元。该案法官批评公司未能提供"洁净而卫生"的废水，责令他们修建造价昂贵的附加下水管道，专门用于将病菌和饮用水隔离开来。但是李尔知道，下水管道效果有限，特别是在遇到大暴雨的时候。于是他决定将他最近的氯实验用于最终的测试。

李尔决定在泽西城水库里加入氯，这一切都是在几乎绝密的状态下进行的，没有获得政府部门的许可，也没有通知普通百姓。在工程师乔治·沃伦·富勒（George Warren Fuller）的协助下，李尔在泽西城外的布恩顿水库建造并安装了一个"漂白粉供应设备"。考虑到当时人们对化学过滤的普遍反对，这次冒险真是胆大包天。但是法庭裁决已经定下了严格的时间表，而且他知道，实验室检验对于一帮门外汉来说也是毫无意义。"李尔没有时间做初步研究。他确实没有时间建造一个工地试验阶段规模的设备来检验这项新技术。"迈克尔·J·麦圭尔（Michael J. McGuire）在他的《氯革命》（*The Chlorine Revolution*）一书中写道，"如果这个漂白粉供应系统在供应的化学品剂量上失去了控制，因而导致高氯残留物流向泽西城，李尔知道这将明确说明这种做法是行不通的。"[24]

这是历史上对城市供水的首次大规模氯化。但是，一旦传了出去，一开始人们会觉得李尔简直就是个疯子，或者是某种恐怖主义者。毕竟，次氯酸钙这种化学物质只要喝上几杯就会危及生命。但是李尔已经做了足够多的实验，知道这种化合物如果剂量非常小，对人类是无害的，但对大多数细菌而言却足以令其致命。在他进行实验的三个月之后，他接受传唤在法庭上为自己的行为辩护。在审问过程中，他立场坚定，始终为他的公共卫生创新而力辩：

霍乱受害者。

　　问：医生，你的这次实验将漂白粉加入饮用水中，置20万人的生命于不顾，请问在全世界任何其他地方，有这样的先例吗？

　　答：20万人的生命？全世界没有过这样的先例，以前从没这么试过。

　　问：从没试过。

　　答：在这种条件或情况下确实从没试过。但是，将来这种方法会多次出现。

问：泽西城是首例？

答：是因此而受益的首例。

问：泽西城是首个你用来证实自己的实验是对还是错的城市？

答：不是的，先生。泽西城是首个因此而受益的城市。实验已经结束了。

问：你有没有事先通知城市当局你将做这个实验？

答：没有。

问：你喝这种水吗？

答：我喝，先生。

问：将这种水给你妻子和家人喝的时候，你有没有过片刻的犹豫？

答：我相信这是全世界最安全的水。

最终这一案子尘埃落定，李尔几乎获得完胜。该案的特别专家写道："我郑重鉴定并报告，这种设备能够为泽西城提供纯净而卫生的饮用水……而且能够有效地清除水中的……危险病菌。"[25] 不出几年，支持李尔大胆行为的数据变得越来越无可置疑。类似泽西城这种供应氯化饮用水的城市，伤寒这类的水传疾病显著减少。

在泽西城审判中对李尔进行盘问的某个环节，检察官指控约翰·李尔通过他的氯创新寻求巨额经济回报。"要是实验证明效果不错，"他讥讽道，"那你就发财了。"[26] 证人席上的李尔耸了耸肩，打断他说："我不知道从哪里发财。对我来说这没什么两样。"和他人不同的是，对于在布恩顿水库首创的这项氯化技术，李尔并没有申请专利。任何自来水公司只要想为自己的客户提供"纯净而卫生"的饮用水，都可以免费采用李尔的创意。因为不受专利权

CHOLERA
AND
WATER.

BOARD OF WORKS
FOR THE LIMEHOUSE DISTRICT,
Comprising Limehouse, Ratcliff, Shadwell, and Wapping.

The INHABITANTS of the District within which CHOLERA IS PREVAILING, are earnestly advised

NOT TO DRINK ANY WATER
WHICH HAS NOT
PREVIOUSLY BEEN BOILED.

Fresh Water ought to be Boiled every Morning for the day's use, and what remains of it ought to be thrown away at night. The Water ought not to stand where any kind of dirt can get into it, and great care ought to be given to see that Water Butts and Cisterns are free from dirt.

BY ORDER,

THOS. W. RATCLIFF,
CLERK OF THE BOARD.

*Board Offices, White Horse Street,
1st August, 1866.*

1866 年预防霍乱的通知。

的限制，也无须支付许可费，各市当局很快采纳了氯化法，作为一种标准惯例，先是在整个美国，最后在全世界推广开来。

大约 10 年前，哈佛大学的两位教授戴维·卡特勒（David Cutler）和格兰特·米勒（Grant Miller）着手考察 1900 年至 1930 年间氯化法（和其他水过滤技术）的影响，这一期间水过滤技术在美国遍地开花。[27] 因为广泛数据针对美国不同地区的发病率特别是婴儿死亡率，又因为氯化系统以交错方式推出，卡特勒和米勒得以做出一份氯对公共卫生影响的极为精确的报告。他们发现，洁净的饮用水导致普通美国城市的人口总死亡率下降了 43%。更引人注目的是，氯及其过滤系统导致婴儿死亡率下降了 74%，儿童死亡率大致相同。

让我们稍停片刻，好好想一下这些数字的非凡意义，将它们从公共卫生干巴巴的数据中提出来，转换成鲜活的生命体验。直到 20 世纪，如果你已为人父母，那么你必须面对一个很大的可能，就是你的孩子中至少有一个会早夭。我们能够面对的或许是最令人痛苦的人生经历——失去孩子，其实只是我们习以为常的事情之一。今天，至少在发达国家中，这种以前习以为常的事情变得极为罕见。让自己的孩子远离伤害，这种最基本的生存挑战获得了显著的改善，部分是由于大规模工程项目的实施，部分是由于次氯酸钙化合物和非常小的细菌之间看不见的相互碰撞。这次革命幕后的那些人没有大发其财，绝大多数甚至默默无闻。但是他们在我们生命中留下的印迹，很多方面甚至比爱迪生、洛克菲勒或福特的遗产更为深刻。

然而，氯化法不仅能挽救生命，同时还能带来乐趣。第一次世界大战之后，美国有一万个加氯消毒的公共浴池和游泳池开张营业。学习游泳成了人生的必经阶段。在两次战争之间的和平时期，这些新的水上公共空间，成为对抗旧式风俗习惯的最前沿。在市立游泳池兴起之前，游泳的女性通常把自己裹得严严实实的，就像去坐雪橇。到 20 世纪 20 年代中期，女性开始暴露膝盖以下的腿。几年之后，领口更低的单件套装出现了。30 年代，露背套装开始出现，紧随其后的是两件式套装。"总计下来，在 20 世纪 20 年代至 40 年代之间，一个女人的大腿、臀围、双肩、腹部、后背和胸围全都可以公开展示了。"历史学家杰夫·威尔茨（Jeff Wiltse）在他论述游泳的社会历史著作《众说纷纭的水》（Contested Waters）一书中写道。[28] 我们可以通过简单的物质条件来衡量这种转变。在 20 世纪初，普通女性泳装需要 10 码布料，到 30 年代末，1 码就足够用了。我们通常认为，20 世纪 60 年代这段时期多变的文化思潮导致日常着装发生了最显著的变化。但是，与两次世界大战期间女性身体的暴露速度相比，60 年代的变化相形见绌。当然，即便没有游泳池的兴起，时尚女装也会找到另外一条暴露的途径，但是或许不可能发生得这么快速。毫无疑问，当约翰·李尔将氯倒入泽西城水库的时候，在他脑海里，游泳女性暴露的大腿并不是他关注的重点；但是就像蜂鸟的翅膀一样，一个领域里的某种变化引发了不同生存秩序里表面看来似乎毫无关联的另一种变化。上万亿个细菌被次氯酸钙杀死，而不知什么缘故，20 年之后，人们对女性身体暴露的基本态度发生了彻底的改变。众多文化思潮风起云涌，并不是氯化法的使用单方面转变了时尚女装；使泳装变得越来越小的，是聚合在一起的众多社会和技术力量，其中包括早期女权主义的各种潮流，好莱坞电影镜头下的偶像崇拜，更不用说还有着装更为前卫大胆的个别明星。但是，如果游泳没有成为一项大规模的休闲活动，那些时装也就失去了它们主要的展示舞台之一。而且，其他诠释手段通常进入了媒体领域，影响广泛。大街上随便问一个人，推动时尚女装发展的因素是什么，他们自然而然会提到好莱坞或时尚杂志。但是，没有几个人会提到次氯酸钙。

在整个 19 世纪，清洁技术的发展围绕公共卫生领域而展开，例如大型工程项目和大规模过滤系统。但是 20 世纪的卫生故事变得更为私密。李尔胆大妄为的实验几年之后，旧金山的 5 位企业家每人投资 100 美元，推出了一种以氯为基础的产品。事后看来，这似乎是个不错的创意，但是他们的漂白事业针对大工业，产品销售并没有像他们期望的那样快速发展起来。但是，其中一个投资者的妻子名叫安妮·默里（Annie Murray），是加利福尼亚奥克兰一家商店的老板娘，她想到了一个主意：作为一种革命性的产品，漂白粉既然可以在工厂里使用，为什么就不能在家里使用呢？在默里的坚持下，公司生产了一种化学性能相对较弱的产品，改用小瓶包装。默里对这一产品的前景信心满满，甚至向她商店的所有顾客免费发放样品。不出几个月，这种小瓶包装的产品卖疯了。默里帮助发明了一个全新的行业，尽管当时她并没有意识到这一点。安妮·默里发明了美国第一种家用商业漂白粉，并且在随后兴起的热潮中创建了第一个随处可见的清洁品牌——高乐氏（Clorox）。[29]

高乐氏瓶子实在是太常见了，以至于考古学家可以利用我们祖父留下来的残留物来确定挖掘现场的年代。（装漂白粉的品脱杯之于 20 世纪早期，就像枪尖之于石器时代，殖民时代的陶器之于 18 世纪。）同时出现了其他各种家用卫生畅销产品，例如棕榄肥皂、李施德林，以及一种名叫奥德诺的流行止汗剂。在杂志和报纸的整版广告中，这类卫生产品是促销的首选商品。到 20 世纪 20 年代，美国人每天面对商业信息的狂轰滥炸，不由自主地形成了一种观念，如果他们不好好收拾一下他们身上或家里的细菌，就是件丢脸的事情。（"总是女傧相，从未当新娘"这句俗语就源自于 1925 年李施德林的漱口水广告。）当广播和电视开始尝试讲故事时，是个人卫生用品公司再次引领了广告创新形式，这次是通过"肥皂剧"一词保留至今的一项营销举措。这是当代文化更为奇特的一种蜂鸟效应。有关疾病的细菌理论既有可能将婴儿死亡率降低到 19 世纪相应数据的一个零头，与塞麦尔维斯所处的时代相比，外科手术和分娩也安全多了；而且在开创现代广告业方面，它同样也扮演了关键的角色。

今天，清洁业估值 800 亿美元。走进一家大型超市或零售商店，你会发现即便没有上千种也有好几百种保护我们家庭免遭细菌危害的产品，有清洁洗碗池、马桶、地板和银器的，也有清洁牙齿和足部的。这些商店俨然是向细菌发起战争的巨大军火库。当然，也有人认为我们对洁净的迷恋或许走得太过了。一些研究表明，我们这个前所未有的洁净世界，实际上和哮喘与过敏的增长率脱不了干系，因为我们童年时期的免疫系统在形成时未能接触到各式各样的细菌。

在过去的两个世纪里，人类和细菌之间上演的冲突产生了深远的影响，从对泳衣时尚的微不足道的追求，一直到降低婴儿死亡率这种关乎人类存在的进步，都是这种冲突的直接后果。我们对疾病微生物传播途径的了解越来越多，促使城市突破了人口上限，而在过去的全部人类文明中城市都受其制约。截止到 1800 年，没有一个社会能够建造并维持一个超过 200 万人口的城市。最先挑战这一障碍的城市（伦敦和巴黎，纽约紧接其后）深受疾病暴发之苦，这么多人挤在一小块土地上，流行病时有发生。19 世纪中叶很多理性的城市生活观察者相信，城市规模不应该建造得这么大，伦敦必然会衰落，恢复到以前便于管理的规模，就像两千年前罗马遭遇的情况一样。但是解决了洁净的饮用水和可靠的垃圾处理这两个问题，也就改变了这一切。在埃利斯·切萨布鲁夫首次踏上他赴欧洲学习下水道技术的航程之后的 150 年，伦敦和纽约这样的城市人口将近 1 000 万，人类预期寿命更长，传染病发病率

高乐氏广告。

也比它们维多利亚时代的祖先低多了。

当然，现在的问题不是 200 万或 1 000 万人口的城市，而是像孟买或圣保罗这类即将达到 3 000 万或更多人口的超大城市，很多人居住在棚户区、贫民区这类临时社区，与发达国家的现代城市相比，它们更像是切萨布鲁夫不得不抬起来的芝加哥。只要看一眼今天的芝加哥或伦敦，过去一个半世纪的故事似乎是一个不容置疑的进步：水更洁净了，死亡率大幅降低，流行病几乎绝迹。然而，今天全世界仍然有超过 30 亿人口缺乏洁净的饮用水和基本的卫生系统。在绝对数量上，作为一个物种我们退步了。（1850 年，全世界人口仅为 10 亿。）因此，我们现在面对的问题是，我们应该如何把洁净革命带到贫民区，而不只是密歇根大道。通常的假设是：这些社区需要遵循由斯诺、切萨布鲁夫、李尔以及所有其他公共卫生基础设施的无名英雄们绘制的路径，它们需要与大规模下水道系统相连的抽水马桶，在处理垃圾的同时不至于污染供应过滤水的水库，而过滤水则由一个同样精巧的系统直接输送至家庭。但是，这些全新超大城市的居民们，以及其他全球发展创新者们，开始越来越多地意识到，历史无须重演。

不管约翰·李尔有多胆大妄为、意志坚定，如果早出生一个世代，他也绝不会有机会氯化泽西城的饮用水，因为促使氯化法成为可能的科学和技术尚未发明出来。地图、镜片、化学和测量单位这些因素在 19 世纪后半叶汇集起来，为他提供了一个实验的平台，平心而论，就算李尔没有将氯化法引入主流趋势，最晚 10 年之内，也会有其他人完成这项工作。这一切都指向了一个问题：如果新创意和新技术能够使一个新的解决方案呼之欲出，就像细菌理论和显微镜引发了以化学方式处理水的创意，那么自李尔时代起难道没有出现足够的系列新创意，能够引发保持我们城市清洁的新范例，同时能够绕过大工程阶段？或许这一范例会成为我们所有人注定要共有的未来的一个先行指标。众所周知，发展中国家就成功绕开了有线电话线路某些耗时费力的基础性工作，通过将通信建立在无线联系的基础上，在某些更"先进"的经济体面前抢得先机。同样的模式也会在下水道工程上上演吗？

2011 年，比尔和梅琳达·盖茨基金会宣布发起一项比赛，[30] 旨在帮助刺激我们考虑基本卫生服务的范式转移。值得纪念的是，这项比赛被称为"厕所重生计划"，征求无须连接下水道或电路，而且每个使用者每天花费不超过 5 美分的厕所设计方案。获胜作品是加州理工学院设计的一个厕所系统，它使用光电池为一个电化学反应器提供能量，反应器在处理人类排泄物时，产生冲水所需的洁净水和能够储存于燃料电池的氢气。这一系统完全自给自足，不需要电网、下水管道或处理设施。除了阳光和人类排泄物以外，这种厕所仅仅需要投入精盐，精盐被氧化后产生氯，对水进行消毒。

如果约翰·李尔能够活到今天看到这种厕所，他能够认出的唯一部分或许就是那些氯分子。这是因为这种厕所依赖于业已成为 20 世纪临近性可能组成部分的那些新创意和新技术，还依赖于那些新工具，是它们让我们得以避免代价高昂的修建大型基础设施的劳动密集型工作。李尔需要显微镜、化学和细菌理论来清洁泽西城的供水系统；加州理工学院设计的厕所需要氢燃料电池、太阳能电池板以及更轻便、更便宜的计算机芯片来监控和调节系统。

具有讽刺意味的是，在某种程度上，那些微处理器本身就是清洁革命导致的副产品。计算机芯片是极其精妙复杂的设计；尽管它们终究是人类智慧的产品，但它们的微观细节我们却几乎无法理解。为了测量计算机芯片，我们需要缩小到千分尺或微米的尺度，即百万分之一米。人类头发的宽度大约为 100 微米。皮肤的单细胞大约为 30 微米。一个霍乱病菌宽约 3 微米。电流

比尔·盖茨在检查 2011 年"厕所重生计划"的获胜作品。

通过微型芯片的路径和晶体管，携带着代表二进制码 0 和 1 的信号；这些路径和晶体管微小到只有 1/10 微米。这种尺度的制造工艺需要非凡的机器人技术和激光工具；不可能有手工制作的微处理器。但是芯片厂家同样需要另一项技术，一项我们通常不会和高科技领域联系起来的技术。它们必须出奇地洁净。一点点普通灰尘落在某个精巧的硅片上，就好比珠穆朗玛峰轰然跌落在曼哈顿街头。

　　类似于德州奥斯汀城外德州仪器（Texas Instrument）公司的芯片工厂这样的环境，是这个星球上最洁净的地方之一。哪怕只是进入这个地方，也得穿上整套洁净的服装，从头到脚全身用不会掉落东西的无菌材料武装起来。这一过程反常得让人觉得奇怪。通常情况下，你采取这种极端防护措施把自己装扮起来的时候，是想要保护自己，对抗某种恶劣环境，例如严寒、病菌或真空空间。但是在芯片工厂的无尘室里，这身装扮是为了保护周围的环境免遭你的破坏。你才是病菌，你的毛囊、表皮层以及周身流动的黏液全都威胁到即将问世的计算机芯片的宝贵资源。从芯片的观点来看，每个人类都是猪圈，一团肮脏的尘埃。进入无尘室之前洗漱的时候，你甚至不可以使用香皂，因为大多数香皂含有潜在污染物的香气。对无尘室来说，香皂都太脏了。

　　这种无尘室还有一种奇怪的对称性，它让我们回想到那些最初的先驱者，他们刻苦钻研，想要净化他们所在城市的饮用水，其中有埃利斯·切萨布鲁夫、约翰·斯诺、约翰·李尔。生产芯片同样需要大量的水，只是这种水完全不同于你从水龙头喝到的水。为了避免污染，芯片工厂制造了一种纯水，这种水不仅过滤掉了任何细菌污染物，同样也过滤掉了所有的矿物质、盐，以及组成正常过滤水的随机离子。清除了所有这些额外"污染物"的超纯水，如名称所示，是芯片的理想溶剂。但是这些元素清除以后，超纯水也不适合人类饮用了；如果喝一杯这样的水，它会吸收你身体内的矿物质。这是洁净的完整循环：19世纪科学与工程学方面最了不起的某些创意，帮助我们净化了之前太脏而不可饮用的水。而在150年之后的今天，我们制造了过于洁净、同样不适合饮用的水。

　　一个人站在这种无尘室里，思绪自然而然会飘向埋在城市街道底下的下水道，它和无尘室是清洁史上的两个极端。为了构建现代社会，我们不得不

德州仪器公司内部。

创建一个超乎想象的处理空间，一条地下污秽之河，然后将其与日常生活隔离开来。同时，为了推动数字革命，我们不得不创建一个超洁净的环境，然后再次将其与日常生活隔离开来。我们从没想过要去参观这些环境，因此它们也总是存在于我们的意识之外。我们赞叹因它们而成为可能的各种事物，例如高耸入云的摩天大楼，以及越来越强大的计算机，但是我们不会赞叹下水道和无尘室本身。然而，在我们的生活里，它们带来的成就无所不在。

第五章　时间

HOW WE GOT
TO NOW

1967 年 10 月，来自全世界的一群科学家齐聚巴黎，参加一次名称低调的会议——"国际计量大会"。[1] 如果你曾经时来运转，有幸参加过一次学术会议，或许会多少了解一些这类事情的例行模式：提交论文，进行一系列没完没了的小组讨论，时不时随意地边喝咖啡边通过网络工作。大家在夜晚的宾馆酒吧说长道短，明争暗斗；每个人玩得还算惬意，就是干不了多少正事。但是这次计量大会打破了这种古老的传统。1967 年 10 月 13 日，与会者一致同意更改"时间"的定义。

几乎在人类历史的整个长河中，人们都是根据跟踪太阳系天体的运行节律而计算时间的。就像地球本身一样，我们的时间观也是以太阳为中心。天数依据日出和日落的循环而定义，月份依据月球的周期而定义，年岁依据季节缓慢而可推断的节律而定义。当然，大多数时间里，我们误解了导致产生这些模式的原因，认为太阳围绕地球旋转，而不是反过来。后来，我们逐渐创建了测量时间流逝的预见性更强的工具，其中有追踪天数流逝的日晷，还有记录夏至这类明显季节性分界点的天文观测点，例如索尔兹伯里平原上的巨石阵（Stonehenge）。我们开始将时间分为更小的单位——秒、分钟、小时，这些单位很多都依赖于从古代埃及人和苏美尔人传下来的以 12 为基数的计数系统。时间是根据小学除法定义的：一分钟是一小时的 1/60，一小时是一天的 1/24。一天就是天空中太阳两次位于最高点时刻之间的时间。

但是，大约从 60 年前开始，随着计时工具精确度的提高，我们开始注意到这种天体节拍器存在瑕疵。事实证明，天体的发条装置似乎不是那么稳定。这也就是 1967 年计量大会着手要解决的问题。如果我们想要在计时上做到真正的精确，我们需要将太阳系里最大的实体换作最小的实体之一。

但仅从旅游热点的角度来说，比萨大教堂（the Duomo of Pisa）通常不及与它相邻的那座著名的斜塔。但是这座有着上千年历史的天主教堂，白色的石墙熠熠生辉，白色大理石外观气魄雄伟，在很多方面其实比旁边那座倾斜的钟楼更令人印象深刻。站在教堂正殿，抬头凝视 14 世纪的后殿拼花图案，一时间你会神思恍惚，浑然忘却了你与时间的关系。从拱顶垂下来一组圣坛吊灯，现在它们静止不动，但是据传说，在 1583 年的时候，比萨大学一位 19 岁的学生参加了教堂的祷告；当他在教堂长椅上胡思乱想时，他注意到有个圣坛吊灯来回摇晃。当同伴们在他身旁虔诚地背诵尼西亚信经时，他却对圣坛吊灯有规律的运动看得如醉如痴。无论摇摆的弧度有多大，圣坛灯来回摇摆的时间似乎总是固定的。当圣坛吊灯摇摆弧度降低时，摇摆速度也降低了。为了确认他的观察无误，这位学生测量了圣坛吊灯的摇摆速度，作为参

罗马市集历。公元前 8 世纪或 7 世纪左右，
古代伊特鲁里亚形成了为期 8 天的市场周，称为"市集周"。

照物的是他能够找到的唯一一个值得信赖的钟表——他自己的脉搏。[2]

绝大多数 19 岁的年轻人在参加弥撒的时候即便走神，也很少与科学研究有什么关系；但是这个大学一年级学生恰巧是伽利略·伽利莱（Galileo Galilei）。这个名叫伽利略的年轻人对时间和节奏想入非非，不会令我们感到吃惊。他的父亲是一位音乐理论家，弹得一手好琴。在 16 世纪中叶，音乐演奏是日常文化中对时间精确性要求最高的活动之一，（音乐术语"节拍"就来源于意大利语"时间"一词。）但在伽利略的时代，保持节拍稳定的机器还没有出现，节拍器直到几个世纪之后才被发明出来。因此，发现圣坛灯的来回摇摆有着如此强的规律性，这在年轻的伽利略的脑海中播下了一颗创意的种子。然而，这颗种子要想最终长成某种有用的东西，还有几十年的路要走，这是常有的情形。

在接下来的 20 年里，伽利略成了一名数学教授，用望远镜做科学实验，并且基本上创建了现代科学。但是，摇摆的圣坛吊灯在他的记忆中一再出现，栩栩如生。他对动力学越来越痴迷，这门科学主要研究物体在空间里的运动。他决定制造一个摆钟，用以再现多年以前他在比萨大教堂里观察到的那一幕。他发现摆钟摇摆所需的时间，和物体摇摆的幅度大小以及质量没有关系，而仅仅取决于摆长。他在给同行科学家乔瓦尼·巴蒂斯塔·巴利安尼（Giovanni battista Baliani）的信中写道："摆钟非凡的特性，在于它产生的振动，无论幅度或大或小，都持续相同的时间。"[3]

持续相同的时间。在伽利略的时代，任何体现出这种节奏精确性的自然现象或机器设备都显得无比神奇。这一时期里绝大多数意大利小镇都有巨大而笨重的机械钟，钟表计时和正确的时间相去甚远，不得不经常根据日晷仪数据来纠正，否则一天会差上 20 分钟。换句话说，当时最先进的计时技术也只要求能够准确到天数。设计一个精确到秒的计时器，简直就是荒谬绝伦。

比萨大教堂内的摇摆圣坛吊灯。

　　荒谬绝伦，而且表面看来毫无必要。就像弗雷德里克·图德的冰块贸易一样，这样的发明创新没有自然市场。16世纪中叶的时候，你无法保持精确的时间，但是没有人真正在意，因为人们不需要争分夺秒。没有公交车要赶，没有电视剧要看，也没有会议要召集或出席。你只要知道一天里时间大致是几点，就可以过得很好了。

　　对争分夺秒的需求，不会出自日历，而是出自地图。毕竟，这是全球航海的第一个伟大时代。因为受到哥伦布的鼓舞，各种船只驶向远东和最新发现的美洲新大陆；在那里，巨大的财富等着那些成功渡海而来的人去搜取。（当然，对于那些在海上迷路的倒霉蛋而言，等待他们的无疑是死亡。）但是，对于如何确定海上的经度，水手们茫然无措。纬度比较简单，只要抬头看看天空就能够测定。在现代航海技术出现之前，计算船只经度的唯一办法，需要用到两个钟表。一个钟表定好原点的确切时间（假定你知道那个地点的经度），另外那个钟表记录下你在海上某个地点的当前时间。两个时间的差异就能够告诉你所在经度位置：每差 4 分钟，翻译过来就是经度的 1°，也就是赤道上的 68 英里。

天气晴朗的时候，通过太阳位置的精确计数，你能够轻松重置船上钟表的时间。问题是港口钟表。因为计时技术每天不是慢 20 分钟就是快 20 分钟，对于时间超过两天的航程来说，前面提到的办法其实毫无用处。在整个欧洲，各个国家提供赏金，鼓励人们想办法解决确定海上经度的问题。西班牙国王菲利普三世提供以达科特金币支付的养老金，而英格兰著名的"经度奖"（Longitude Prize）则承诺提供价值超过今天 100 万美元的巨额奖金。这个问题如此急迫，而且一旦解决报酬又如此丰厚，这使伽利略回想起 19 岁时最初激发他想象力的对"相同时间"的探求。他之前所做的天文学观察表明，木星的卫星有规律的月食现象也许有助于航海者在海上精确计时；[4] 但是他设计的方法过于复杂了（而且不像他期待的那么精确）。于是他回过头来，最后一次把目标转向摆钟。

经过 58 年的酝酿，他的关于摆钟"神奇特性"的慢吞吞的奇思妙想最终开始成形。这一创意处于多重学科和利益的交义点：伽利略对圣坛吊灯的记忆，他对运动和木星卫星的研究，全球航海业的兴起以及它对精确到秒的钟表的新需求。物理学、天文学、航海，以及一个大学生的白日梦，所有这些不同的张力全都汇集在伽利略的脑海里。在儿子的帮助之下，他开始起草第一个摆钟的设计方案。

伽利略。

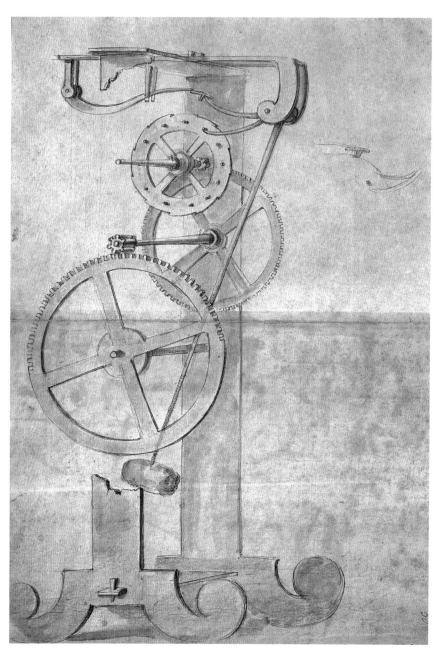

意大利物理学家、数学家、天文学家和哲学家伽利略设计的摆钟草图。
1638—1659 年。

到下一个世纪末，在整个欧洲，摆钟已经成为随处可见的事物，在英国的工厂里、城镇广场上，甚至富裕家庭里，情况更是如此。英国历史学家E·P·汤普森（E. P. Thompson）在20世纪60年代末发表的一篇论述时间和工业化的绝妙论文中提到，在这一时期的文学作品中，如果某个人物在社会经济阶层中往上爬了一两级，最明显的信号往往是他有了一块怀表。但是，这些新的计时仪器并不只是时髦配饰。摆钟在一周之内仅仅走快或走慢一分钟左右，精确性是其前身的100倍；它在时间感知上带来的变化，直到今天仍然为我们所熟悉并接受。

当我们思考引发工业革命的技术时，我们自然而然会联想到轰鸣的蒸汽机，以及蒸汽动力织布机。但是，在工厂喧嚣的声音之下，一个更柔和但同样重要的声音无处不在，那就是摆钟的嘀嗒声，静静地为我们计时。

想象一下，如果有另外一部历史，不管出于什么原因，计时技术落后于引发工业革命时代的其他机器的发展，那么工业革命还会发生吗？对此我们完全有理由做出否定回答。如果没有钟表，萌发于18世纪中叶英格兰的工业革命，至少需要更长的时间才能破茧而出，这里面有几个原因。计时精确的钟表，在确定海上经度方面起到了无与伦比的关键作用，因此极大地降低了全球航运网络的风险；这样就为最初的工业家提供了源源不断的原材料供应，同时为他们打开了海外市场。17世纪末18世纪初，全世界最值得信赖的手表是在英格兰生产的，由此完成了精细工具制造的技术储备，当工业革命创新的需求出现时，这一储备极为便利地派上了用场，就像生产眼镜的玻璃制造技术为望远镜和显微镜的出现创造了条件一样。钟表匠是最终引领工业管理学的先驱。[5]

伦敦市政厅钟表匠博物馆（The Clockmakers' Museum）的航海天文钟。

　　尤其是，工业革命需要钟表时间来调整新的工作日。在旧式的农耕经济或封建经济中，时间单位很可能由完成一项工作所需的时间来考量。一天不是分成抽象的数学单位，而是分成一系列的活动。不说做某事需要花费15分钟，而是说需要挤牛奶或给一双新鞋钉鞋底那么长的时间。工匠们不是按小时计酬，而是根据传统按照所生产的单件产品数量领薪，即按件计酬。他们的日常工作安排混乱无序，毫无管理可言。汤普森引用的一个农村织工 1782 或 1783 年的日记片段，很好地说明了工业革命之前散漫的工作状态：

> 雨天的时候，他或许能够织 8½ 码。10 月 14 日，他将织完的布运走，所以这天只织了 4¾ 码。23 日他工作到 3 点，日落之前织了 2 码……除了收割和脱粒、搅拌牛奶、挖沟和造园，我们还发现了这类的记录："织了 2½ 码，然后奶牛要产崽了，需要更多照料。"1 月 25 日，他织了 2 码，去了一趟邻村，"又用院子里的机床做了一些杂七杂八的活，然后晚上写了一封信"。其他事情包括用马车干活，摘樱桃，在磨坊坝上干活，参加浸信会，观看公开绞刑，等等。[6]

试着按照这种节奏在现代办公室里做事，即便是以悠闲随意著称的谷歌公司，也忍受不了这种稀奇古怪的工作方式。工业家需要将几百个工人的行动统一起来，以跟上最初那些工厂的机械节奏；对他而言，上面那种散漫的工作方式完全难以控制。因此，只有深度重塑人类的时间观念，才有可能创建可行的工业劳动力。陶器制造商乔赛亚·韦奇伍德（Josiah Wedgwood）的伯明翰工厂标志着英格兰工业革命的开端，他是第一个实行每天工作"打卡"的人。（对于 1700 年之前出生的人来说，"打卡"这个词毫无意义。）现代社会里普遍采用的"小时工资"的整个概念，就来源于工业革命时代的时间方案。汤普森写道，在这一系统中，"雇主必须利用雇工的时间，确保不被浪费……现在时间就是金钱，它不是用来度过的，而是用来花费的"。[7]

对于身处这一转变时期的第一代人而言，"时间训练"这一说法让人完全无所适从。今天，发达国家中的我们，以及发展中国家中的人们，绝大多数从早期开始已经适应了严格的时间方案。（旁听一节普通的幼儿园课程，你会发现学校广泛关注对每日安排的讲解和强调。）工作的自然节奏和悠闲适意，不得不被强制代之以一个抽象的网络。当你一生都在这个网络中度过时，它似乎就是你的第二天性；但是，当你第一次体验到它时，就如18世纪后半叶英格兰工业革命工人所体验的，你会感觉到它对旧有方式的强烈冲击。计时器不只是帮助你协调日常事务的工具，更是某种不祥之兆，是狄更斯《艰难时世》（*Hard Times*）中的"催命数据时钟"，"它每响一声就是一秒，仿佛在叩打棺材盖"。[8]

　　毫无疑问，这种新方案激起了强烈的反对。但反对最激烈的不是工人阶级（通过要求加班工资或缩短工作时间，他们开始接受时钟的控制），而是美学家。19世纪初的浪漫主义艺术家，部分需要摆脱时钟变本加厉的桎梏。他们睡觉很晚，在城市里漫无目的地游荡，拒不按照统治经济领域的"数据钟表"来生活。英国诗人华兹华斯（Wordsworth）在他的《序曲》（*The Prelude*）中宣称，他挣脱了"我们的时间守护人"的束缚：

> 我们官能的向导和看守
>
> 我们劳作的管家和警卫
>
> 对时间的盘剥得心应手
>
> 智者们通过远见控制
>
> 所有的偶然，直到尽头
>
> 他们已经适应的一切
>
> 会将我们控制住
>
> 就像控制工具……

福特汽车公司胭脂河工厂的工人们正在打卡。

摆钟的时间训练截取了非正式的经验流，将其纳入一个数学网络。如果时间是一条河，那么摆钟则将其变为一条运河，布满均匀分布的水闸，为工业节奏而蓄势待发。事实再次证明，我们测量事物的能力提升，就像我们制造事物的能力一样重要。

在整个社会中，测量时间的能力不是均匀分配的。怀表一直算是奢侈品，直到 19 世纪中期，阿伦·丹尼森（Aaron Dennison），马萨诸塞州一位铜匠的儿子采用这种新流程来制造军火中标准化通用零件，并将同样的技术用于手表制造。在当时，高级手表的生产包含一百多项不同的工作，例如需要有人将钢片刻上螺纹，制作个别的、跳蚤大小的螺钉；需要有人雕刻表壳等等。丹尼森预见到，可用机器批量生产相同的小螺钉，适用于相同款式的任何一块手表；可用机器以精确速度雕刻表壳。[9] 他的预见导致他破产了一两回，并在当地赢得了"波士顿疯子"的绰号。但是最后，在 19 世纪 60 年代初，他想出一个主意，就是抛弃传统上装饰怀表的珠宝饰品，因而制造出更便宜的手表。它将成为面向大众市场的第一款手表，而不只是有钱人的奢侈品。

丹尼森的"威廉·埃勒里"手表以《独立宣言》的签署者之一威廉·埃勒里（William Ellery）命名，这款手表推出后风行一时，特别是内战期间广受士兵们的欢迎。[10] 超过 160 000 块手表销售一空，甚至亚伯拉罕·林肯也佩戴一块"威廉·埃勒里"手表。丹尼森将一种奢侈品变成了生活必需品。1850 年，一块普通的怀表价值 40 美元；到 1878 年，一块无珠宝配饰的丹尼森手表仅售 3.5 美元。

阿伦·勒夫金·丹尼森的肖像。

佩戴怀表的无名战士。19 世纪 60 年代（国会图书馆）。

手表热风靡全国的时候，明尼苏达州一个名叫理查德·沃伦·西尔斯（Richard Warren Sears）的铁路代理商无意中从本地一个珠宝商那里得到了一盒多余的手表，他将这批手表卖给其他代理商，狠狠赚了一笔。西尔斯大受鼓舞，于是联合一个名叫阿尔瓦·罗巴克（Alvah Roebuck）的芝加哥商人，共同推出一种展示各式各样的手表款式的邮购出版物，这就是有名的西尔斯—罗巴克目录。现在这15磅重的邮购目录会不会压垮你的邮箱？最初的时候，这个目录里面只有作为19世纪末一种必需品的小玩意儿——一款用户级怀表。

当丹尼森最初开始考虑如何将时间在美国民主化的时候，一个主要的问题是，当时的钟表时间仍然参差不一。在全美的城市和乡镇，如果你查询某个时间要求特别严格的地方的公共钟表，你会发觉当地时间（local time）都精确到了秒。但是全美有几千个各不相同的当地时间。时钟时间已经民主化了，但尚未标准化。由于丹尼森的努力，手表现在正在系统内快速普及，但是走的时间都不一样。在美国，每个城镇和乡村都有自己独立的生活节奏，它们的钟表时间都与天空中太阳的位置同步。无论你向东还是向西，哪怕只走几英里，和太阳之间的关系一旦发生变化，日晷上记录的时间也会不同。你站在一个城市里，时间刚好是下午6点整；但仅在三个城镇之外，准确的时间却是6:05。如果你问150年前的现在是什么时间，在印第安纳州，你至少会得到23个不同的时间，在密歇根州是27个，在威斯康星州是38个。

在伦敦的霍尔本区，一块巨大的丹尼森钟表每年要上一次发条。

　　对于这种不统一，最奇怪的事情是竟然无人在意。你总不能对三个城镇之外的人说话；路线很不靠谱，速度还很慢，你赶过去总得花一两个小时。因此每个小镇的钟表模模糊糊差上那么几分钟，基本上没什么人留意。但是，人们（以及信息）一旦开始快速流动，时间标准化的缺失，突然就变成了一个大问题。电报和铁路暴露了非标准化钟表时间隐藏的模糊性，就像几个世纪之前，图书的发明暴露了欧洲第一代读者对眼镜的需求一样。

　　火车东来西往，纵向穿梭时移动的速度超过了太阳在天空中移动的速度。因此，你坐的火车每开一个小时，你就需要把手表调慢或调快 4 分钟。此外，每条铁路都有自己的钟表，也就是说，如果你要在 19 世纪旅行，光调时间就会让你忙得不亦乐乎。纽约时间的上午 8 点，你从纽约出发，赶上哥伦比亚铁路时间 8 点零 5 分的火车，3 个小时后到达巴尔的摩，是巴尔的摩时间的 10 点 54 分；从技术角度来说，这个时间是哥伦比亚铁路时间的 11 点零 5 分。你停留 10 分钟，然后赶 11 点零 1 分开往西弗吉尼亚州惠灵市的 B&O 列车，严格意义上说，这是惠灵时间的 10 点 49 分；而如果你的手表一直用的是纽约时间，这时显示的则是 11 点 10 分。有趣的是，所有这些不同的时间都是正确的，至少通过天空中太阳的位置来测量是如此。时间用日晷来测量的时候轻松简单，用各条铁路线来测量的时候就令人恼火了。

　　英国解决了这一问题，就是在 19 世纪 40 年代末通过电报同步铁路钟表，将全国时间统一为格林尼治标准时间（Greenwich Mean Time, GMT）。（直到今天，全世界每个航空管制中心和飞机驾驶舱的钟表报的都是格林尼治时间，它是天空的唯一时区。）但是美国幅员过于辽阔，统一为一个时区不太现实，1869 年横贯整个大陆的铁路线开通后情况更是如此。美国全国有 8 000 个城镇，每个城镇都有自己的时间，将各城镇联系起来的犬牙交错的铁路线超过

10 万英里。在这种情况下，要求采用某种标准化系统的呼声一浪高过一浪。在几十年的时间里，统一美国时间的各种议案层出不穷，但没有哪种议案确立下来。协调计划和时间的逻辑障碍很大，而且，不知为何，将时间标准化好像激起了普通民众某种奇怪的反感，似乎这是一种反自然的行为。辛辛那提的一份报纸反对标准时间，发表社论称："简直是荒谬透顶……我们辛辛那提人民要坚持真理，这是太阳、月亮和星星写下的真理。"[11]

在这个问题上，美国在一段时间里饱受诟病，直到 19 世纪 80 年代初，一个名叫威廉·F·艾伦（William F. Allen）的铁路工程师承担起了这份责任。[12]艾伦是铁路时刻表指南的编辑，因此切身了解当时的时间系统有多错综复杂。1883 年，在圣路易斯召开的一次铁路会议上，艾伦提交了一份地图，提议将 50 个各不相同的铁路时间改为 4 个时区，就是一个多世纪之后的今天仍在使用的东部时区、中部时区、山地时区和太平洋时区。根据艾伦设计的地图，不同时区之间的区域曲折相接，以便契合彼此连接的主要铁路线，而不是顺着子午线陡然分开。

铁路老板们被艾伦的计划说服了，但是他们只给了他 9 个月的时间来实现他的想法。他发起了一场写信和施压的积极行动，以便说服天文台和市议会。这次行动极具挑战性，但是艾伦最终还是达到了目的。1883 年 11 月 18 日，美国经历了钟表时间历史上最奇特的一天，也就是有名的"双正午的一天"（day of two noons）。[13]艾伦所称的东部标准时间，比当地纽约时间慢了 4 分钟。当时是 11 月，曼哈顿教堂的钟声报出了旧时纽约时间的正午；4 分钟之后，钟声再次响起，再次报出正午时间，亦即东部标准时间的第一个 12 点整。第二个正午通过电报向全国广而告之，以便让从东部地区到太平洋地区的铁路线和城市广场同步它们的钟表。

就在第二年，格林尼治标准时间被确定为国际标准时钟（基于坐落在本初子午线上的格林尼治天文台），整个地球被划分为不同时区。世界开始挣脱太阳系天体节律的束缚。查询太阳位置不再是确定时间的最精确方式。相反，通过电报线从远方城市传输而来的电流脉冲，将各个钟表保持在同步状态。[14]

时间测量的奇特性之一，在于它并非简单地属于某一门单独的科学学科。实际上，我们在时间测量上的每一次进步，都包含了从一门学科到另一门学科的切换。从日晷到摆钟的转换，依赖于从天文学到动力学（运动物理学）的转换。时间的下一次革命将依赖于电动机械学。然而，在每次时间测量革命中，一般规律是保持不变的：科学家们发现某种自然现象具有保持"相等时间"的特性，就像伽利略在圣坛吊灯上发现的一样；不久之后，一批发明家和工程师开始使用这种新的节奏来同步他们的设备。19世纪80年代，皮埃尔·居里和雅克·居里最初探测到包括石英在内的某些晶体具有一种奇怪的特性。对穆拉诺岛的玻璃制造商而言，石英是一种革命性的材料。受到外力的作用，这些晶体能够以极其稳定的频率振动。（这种特性就是后来所知的"压电效应"。）当给晶体通上交流电时，这种现象更为明显。

石英晶体在"相等时间"里伸缩的非凡性能，在20世纪20年代最初被无线电工程师加以利用，他们使用石英晶体将无线电传输锁定为稳定的频率。1928年，贝尔实验室的W·A·马里森（W. A. Marrison）建造了第一座通过石英晶体规律性的振动来计时的钟表。与摆钟相比，石英钟每天仅仅走快或走慢千分之一秒，而且受温度或湿度的大气变化影响较小，受运动的影响则更小。我们测量时间的精确度，再次提高了几个数量级。

马里森发明石英钟之后的几十年里，石英钟事实上已成为科学或工业应用的计时设备。从 20 世纪 30 年代开始，标准美国时间由石英钟计时，但是到 20 世纪 70 年代，技术的发展降低了成本，第一款以石英为材料的腕表开始在大众市场上出现。今天，从微波炉、闹钟、腕表到汽车时钟，多种家用设备都使用石英钟，它们走的都是石英压电现象的相等时间。这种转变很好预测。某人发明了一种更好的钟表，最初的复制成本过于高昂，普通百姓消费不起。但最终价格下降，新的钟表进入主流消费品行列。这种情况不足为奇。惊奇再次来自其他某个地方，来自最初看来和时间关系不大的其他某个领域。新的测量方法导致了新的制作可能。伴随石英时间出现的新的可能性是计算。

在很多方面，微处理器都是一项卓越的技术成就。但鲜有哪个方面像这点这么至关重要：计算机芯片是时间规律的主人。想一下工业化工厂所需的协调一致性。几千项短期重复性任务需要由几百个人手按照正确的次序完成。一个微处理器需要同样的时间规律，只是需要协调的单位由工厂工人的手或身体换成了信息的比特。[当查尔斯·巴比奇（Charles Babbage）在维多利亚时代中期第一个发明出一台可编程计算机的时候，他将中央处理器称为"工厂"是有原因的。]微处理器不是每分钟处理几千项任务，而是每秒钟进行几十亿次计算，和电路板上的其他微芯片交换信息。这些操作全都是由一个主时钟来协调的，现在计算机里的主时钟无一例外都是由石英制造的。（就是因为这个原因，当你修改计算机最初的设置，想让它运行得更快的时候，这一修改就称为"超频"。）一台现代计算机就是众多不同技术和知识模式的集合，包括编程语言的数理逻辑，电路板的电机工程，界面设计的可视化语言。但是，如果没有石英钟精确到微秒的计时，现代计算机就是一堆废铁。

与精确无比的石英钟相比，在它之前出现的摆钟显得忽快忽慢，极不稳定。但是，根本的计时工具地球和太阳，在石英钟面前显得同样如此。一旦我们开始用石英钟来测量天数，我们发现一天的长度并不像我们以前想象的那样可靠。由于这颗星球的表面的潮汐阻力、吹过山脉的风以及地球熔态地心的内部运动，天数以半无序的方式缩短或延长了。如果我们确实想精确计时，我们不能依赖于地球的自转，而需要一个更好的计时器。石英钟让我们"看到"，太阳日看起来相等的时间，其实并不像我们认为的那样相等。从某种意义上说，它是对哥白尼之前的宇宙观致命的一击。地球不仅不是宇宙的中心，它的自转也不够稳定，不能精确地定义一天的时间。做这件事，一块振动的沙砾更胜任。

要想准确地计时，最终在于找到或制造出以稳定的节奏振动的东西，例如升上天空的太阳、盈亏变化的月亮、圣坛吊灯和石英晶体。20 世纪初，尼尔斯·玻尔（Niels Bohr）和维尔纳·海森堡（Werner Heisenberg）等科学家率先发现原子，由此开启了一系列能源和武器方面壮观而致命的创新发明，例如核电站和氢弹。但是，原子新科学还揭示了一项不太知名但同样意义深远的发现，那就是人类目前所知的最稳定的振动器。玻尔在研究围绕铯原子旋转的电子时，发现这些电子在运动过程中有着令人吃惊的规律性。电子不受山脉或潮汐无序阻力的干扰，它们拍打出的节奏在稳定性上比地球的自转高出了几个数量级。

首批原子钟制造于 20 世纪 50 年代中期，并且随即为精确性确定了新的标准。现在我们能够测量到纳秒级别，精确性是石英钟微秒的 1 000 倍。这次技术飞跃，最终促使 1967 年召开的国际计量大会宣布，现在到了重新定义时间的时候。在这个新时代，我们这颗星球的主时钟时间，应该以原子秒来测量，即"1原子秒是铯133原子基态的两个超精细能级之间跃迁所对应的辐射（电磁波）的9 192 631 770个周期持续的时间"。一天不再是地球完成一次自转的时间，而是全世界27个同步原子钟走完的86 400个原子秒。

然而，旧时的计时器并没有完全消亡。现代原子钟走秒所运用的其实是一种石英机制，依赖铯原子及其电子来纠正石英计时所产生的任何随机偏差。根据地球轨道的混沌漂移理论，全世界的原子钟每年都会重置一次，调快或调慢一秒，以使原子节律和太阳节律不至于偏离同步时间太多。时间规律的多个科学领域，例如天文学、电动机械学和亚原子物理学，全都纳入了主时钟之内。

纳秒的兴起看起来像是一次秘法转移，或许只有参加计量大会的这类人对它感兴趣。然而，由于原子时间的兴起，日常生活已经发生了急剧的变化。全球航空旅行、电话网络、金融市场，这一切都依赖于精确到纳米的原子钟。（这个世界如果没有这些现代时钟，饱受诟病的高频交易①将在一纳秒之内消失得无影无踪。）每次你低头扫一眼你的智能手机，以确定你所处的位置的时候，无意中你就查询了一次安置在你头顶近地轨道卫星上的由24座原子钟组成的网络。这些卫星每时每刻一次次发送最基本的信号：当前时间为11:48:25.084738，当前时间为11:48:25.084739……当你的手机试图搞清楚它的位置时，它至少需要拆开由这些卫星发送过来的众多时间戳中的三个，每个时间戳报告一个稍微不同的时间，因为信号从卫星传输到你手中的全球

---

① 高频交易（high-frequency trading），是指从那些人们无法利用的极为短暂的市场变化中寻求获利的计算机化交易，比如，某种证券买入价和卖出价差价的微小变化，或者某只股票在不同交易所之间的微小价差。这种交易的速度如此之快，以至于有些交易机构将自己的"服务器群组"（server farms）安置在离交易所的计算机很近的地方，以缩短交易指令通过光缆以光速传输的距离。——译者注

哥伦比亚大学物理系主任查尔斯·H·汤斯（Charles H. Townes）教授在向该校物理系师生展示"原子钟"。发布日期为 1955 年 1 月 25 日。

定位系统（GPS）接收器上的持续时间各不相同。报告时间较晚的那颗卫星，比报告时间较早的那颗卫星距离你更近。因为这些卫星在预测位置上近乎完美，通过对三个不同时间戳进行三角化处理，手机就能够算出它确切的位置。就像18世纪的航海导航仪，全球定位系统通过对时钟进行比较而确定你所处的位置。事实上，这是钟表史上一再发生的故事之一。计时上每次新的进步，都会引起我们在地理知识方面相应的进步，从轮船到铁路，到空中交通，再到全球定位系统，概莫能外。即便是爱因斯坦也会对这一创意大加赞叹：在测量空间方面，测量时间发挥了极为关键的作用。

　　30年前你低头扫一眼手表或地图以确定时间或位置，现在你以同样的方式看一眼手机的时候，想一想人类智慧的这个巨大的层状网络，因为它的存在，你的这一动作才有了意义。之所以你能够知道时间，是因为你了解铯原子内电子的运动方式；因为你知道如何从卫星发送微信号，如何测量它们传输的确切速度；因为你能够在地球上空的可靠轨道里放置卫星，当然还了解将它们送离地面的火箭科学；因为你能够在一块二氧化硅上引发稳定的振动；当然还需要有处理信息并将其输入你手机所需的计算领域、微电子学领域、网络科学领域等等这一切的科学进步。要知道现在的时间，你无须了解任何这类东西，但是社会进步就是这样运作的。这些巨大的科学与技术宝库我们建立得越多，我们将其隐藏得也越深。每次你拿起手机核对时间的时候，你的头脑悄无声息地接受着所有这些知识的帮助，但知识本身隐藏在你的视线之外。当然，这极大地方便了我们，但是它会使我们难以理解，自伽利略在比萨大教堂的圣坛吊灯白日梦以来，我们已经走了多远。

　　乍一看，时间测量的故事似乎就是关乎加速，将一天的时间分解为越来越小的增量，因此我们移动身体、美元和比特的速度也更快。但是，原子时代的时间也在完全相反的方向上移动。它让事物慢下来，而不是使它们加速，以亿万年来衡量，而不是以纳秒来计算。19 世纪 90 年代，玛丽·居里（Marie Curie）在巴黎准备她的博士论文时，第一次提出辐射不是分子之间的某种化学反应，而是原子固有的某种性质。[15] 这一发现对于物理学的发展具有举足轻重的意义，事实上她后来成为第一个获得诺贝尔奖的女性。她的研究很快引起了她丈夫皮埃尔·居里的注意，他放弃了自己对晶体的研究，转而专攻辐射领域。他们共同发现，放射性元素以恒定速率进行衰变。例如，碳 14 的半衰期为 5 730 年。将一些碳放上 5 000 年左右，你会发现它损耗掉了一半。

科学再一次发现了"相等时间"一个新的来源，只是这种钟表走的不是石英晶体振荡的微秒，也不是铯电子的纳秒。放射性衰变是以百年或千年为单位进行测量的。据皮埃尔·居里推测，某些元素的衰变速率或许可用作"钟表"来确定岩石的年龄。但是，今天众所周知的这项技术，即碳元素年代测定法，直到 20 世纪 40 年代末才趋于成熟。绝大多数钟表致力于测量当前的时间——现在几点了？但是放射性碳钟只和过去有关。不同的元素以完全不同的速率进行衰变，这就意味着它们就像钟表一样走着不同的时间刻度。碳 14 每 5 000 年"滴答"走一下；但是钾 40 每 13 亿年"滴答"走一下。这就使碳元素年代测定法成为测量人类悠久历史的理想钟表，而钾 40 则被用于测定地质时间，即我们这颗星球本身的历史。在确定地球本身的年龄上，碳元素年代测定法至关重要，它确立了最令人信服的科学证据，证明地球年龄为 6 000 年的圣经说法其实只是一个故事，而不是事实。多亏有碳元素年代测定法，对于人类在整个地球上的史前迁徙，如今我们获得了大量的知识。

在某种意义上，放射性衰变的"相等时间"已经将史前时代纳入了历史范围。远在一万年以前，当智人第一次跨过白令陆桥进入美洲大陆时，没有哪个历史学家能够对他们的旅途写下只言片语。然而，他们骨头中的碳和营地留下来的木炭残余物保留了他们的故事。这是一个以原子物理学语言写就的故事。但是，如果不借助一种新的钟表，我们便无法阅读这一故事。如果没有碳元素年代测定法，人类迁徙或地质变化的"悠久时间"，就会像是一部页码混乱的史书，充斥着各类史实但却缺乏年代顺序和因果关系。只有知道了确定的时间，各种原始数据才能呈现出意义。

在东内华达州蜿蜒起伏的南部山脉，干旱的盐碱地里长着一片狐尾松。这种松树属于松柏科小树，高度极少超过 30 英尺，饱受沙漠上空呼啸而过的大风的摧残。通过碳元素年代测定法（和树木年轮），我们知道其中一些狐尾松的树龄超过 5 000 年，是这个星球上最古老的植物。

在现在开始几年以后的某个时刻，一个钟表会埋入这些松树底下的土壤里，这个特制的钟表测量时间的单位是文明，而不是秒。正如它最初的设计师、计算机科学家丹尼·希利斯（Danny Hillis）所言，这会是一个"每年走一次的钟表。世纪的指针每一百年前进一格，千禧年到来的时候布谷鸟会出来报时"。①[16] 根据这样的设计，它会计时最少一万年，大致为迄今为止人类文明的长度。它运用的是一种不同的时间规律；这种规律避免了短期的思考，

---

① 此处暗指西方历史上常见的布谷鸟钟。最早的布谷鸟钟出现于 1730 年到 1750 年之间的德国黑森林地区，它的内部有设计精巧的齿轮装置，每到半点和整点，钟上方的小木门就会自动打开，并且出现一个会报时的布谷鸟，发出悦耳的"咕咕"的叫声。因此，也称作"咕咕钟"。——译者注

迫使你以世纪或千禧年的尺度来考虑你的行为及其后果。借用音乐家兼艺术家布赖恩·伊诺（Brian Eno）措辞巧妙的话说，这种设备叫作"万年钟"（the Clock of the Long Now）。

万年钟。

这一设备的幕后组织为"今日永存基金会"（the Long Now Foundation），它由希利斯、伊诺、斯图尔特·布兰德（Stuart Brand）以及其他几个预言家联合建立，旨在建造若干计时万年的钟表。（第一座正在西得克萨斯的某个山腰上建造。）这种钟表你终其一生只会看到它走一次，为什么费这么大的力气建造它？因为新的测量模式迫使我们以另一种观点来看待这个世界。就像石英钟的微秒和铯原子所激发的新创意在无数方面改变了我们的日常生活，长远现在之钟的缓慢时间也会帮助我们以新的方式思考未来。正如长远现在董事会成员凯文·凯利（Kevin Kelly）所言：

> 如果你有一座钟会计时一万年，它会提出哪些以世代为尺度的问题和方案？如果一座钟能够走上 10 个千禧年，难道我们不应该确保我们的文明也能够同步稳定发展吗？在我们个体早已消亡之后，如果这座钟还一直在走，为什么不尝试其他一些需要将来的世代参与完成的长远项目？正如病毒学家乔纳斯·索尔克（Jonas Salk）曾经问过的更大的问题："作为后人的祖先，现在的我们表现合格吗？"[17]

这是原子时代关于时间的一个奇怪悖论。我们生活在前所未有的更短时间增量里，以完美精确度在无形中滴答计时的钟表在指引着我们的生活；我们的注意力持续时间很短，我们的自然节奏交给了钟表时间的抽象网格。然而，同时，我们也有能力想象并记录千百万年的历史，能够追踪跨越若干世代的因果关系的链条。我们想知道时间的时候，就低头瞄一眼手机，得到的答案甚至精确到每一秒；但如果这个答案在某种意义上需要酝酿 500 年的时间，我们也能够坦然接受，例如从伽利略的圣坛吊灯到尼尔斯·玻尔的铯原子，从航行表到苏联的"斯普特尼克"号人造地球卫星。与伽利略时代的普通人相比，我们的时间地平线同时在两个方向上取得了扩展，一头是微秒，另一头是千禧年。

　　精确聚焦于短期，或者现在就为未来做长远的规划，最终哪种测量时间的方式会获胜呢？我们会成为高频交易商还是后人眼中负责任的祖先？这个问题，只有时间能够给出答案。

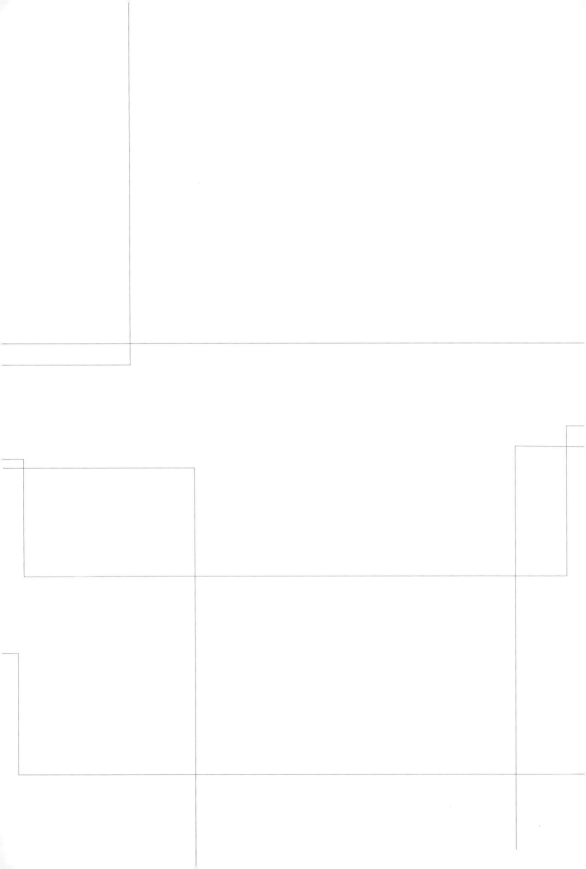

第六章　光

HOW WE GOT
TO NOW

想象一下，某个外星文明生物透过星系观察我们的地球，想要寻找智慧生命的迹象。几百万年以来，他们几乎一无所获。他们看到的只是每天有气流绕过这颗星球；每隔十万年左右，巨大的冰川扩展开去，或撤退回来；大陆板块在进行大规模的漂移。但是，大约一个世纪之前，突然出现了一个重大的变化——夜晚的时候，这颗星球的表面在城市街灯的照耀下熠熠生辉，最初是在美国和欧洲，然后稳定地扩展到了整个世界，而且越来越明亮。从太空观看，人工照明的出现，可算是自 6 500 万年以前希克苏鲁伯小行星撞击地球以来这颗行星历史上唯一一次意义重大的变化。那次撞击，使地球表面裹上了一层厚厚的超热灰烬和尘埃。从太空的角度来看，标志着人类文明出现的所有变化其实都是后来添加的东西，例如对生拇指、书面文字和印刷术；在高流明的辉煌映衬之下，这一切都显得黯淡无光。

　　当然，如果从地球的角度来看，人造光的发明在可见的创新方面也许并未显得那么无与伦比。但是它的出现标志着人类社会的一个临界点。我们现在夜空的亮度，是 150 年前的 6 000 倍。人造光改变了我们工作和睡眠的方式，协助创建了一个全球通信网络，并且可能很快在能源生产上取得显著的突破。电灯泡和流行的创新思维关系如此密切，以至于它成为新创意本身的一个比喻。"灯泡时刻"（light-bulb moment，即"灵光一现"、"突然醒悟的时刻"）取代了阿基米德的"我找到了"，成为庆祝灵感突发时最常用的表达。

　　人造光最离奇的一点是，作为一项技术，若干世纪以来它一直停滞不前。这一点特别引人注目，因为自从 10 万年之前人类学会了如何控制火，人造光就已伴随这一最初技术而出现。巴比伦人和罗马人开发了油灯，但是这项技术在（名副其实的）黑暗时代几乎消失了。在将近两千年的时间里，直到工业革命时代的曙光出现，蜡烛一直是占统治地位的室内照明手段。蜂蜡制作的蜡烛备受推崇，同时价格昂贵，只有神职人员和贵族阶层才用得起。绝大多数人用的是牛油蜡烛，它燃烧动物油脂，发出的亮光差强人意，同时伴随着恶臭和黑烟。

　　我们小时候唱的童谣提醒我们，这一时期里制造蜡烛是一门广受欢迎的职业。1292 年，巴黎的税收单上列出了 72 个"蜡烛商"，就是说全城有这么多人在做这门生意。但是绝大多数普通家庭都是自制牛油蜡烛，这份活儿很辛苦，而且一天的时间干不完：需要先将装有动物油脂的容器加热，然后将蜡烛芯浸入油中。在 1743 年的一篇日记里，哈佛大学的校长记载了，他在两天的时间里生产了 78 磅牛油蜡烛，勉强能够用上两个月。[1]

　　只要想想 1700 年新英格兰一个农民的生活是什么样子，就不难想象为什么人们愿意花这么多时间在家里制造蜡烛。冬天的时候，下午 5 点太阳就落

图坦卡蒙陵墓出土的杯形灯。
杯子用于盛油。当蜡烛芯点亮时，
图坦卡蒙和安克赫娜蒙（Ankhesenamun）的形象就会显现。
古埃及新王国时期第十八王朝，公元前1333—1323年。

山了，接下来是长达 15 个小时的黑暗，直到东方再度泛起鱼肚白。太阳落山之后，周围的世界漆黑一片，没有街灯、手电筒、电灯泡、荧光灯，甚至连煤油灯也还没有发明出来。只有壁炉里摇曳的火光，以及牛油蜡烛的滚滚浓烟。

那样的夜晚给人留下的印象如此深刻，以至于科学家们相信，在夜晚照明普及之前的时代，我们的睡眠模式与现在相比有着显著的不同。2001 年，历史学家罗杰·埃克奇（Roger Ekirch）发布了一份汇集上千条日记和专业资料的优秀研究成果，令人信服地指出，人类历史上曾经将漫长的夜晚划分为两段不同的睡眠时间。黑夜降临后，他们会进入"第一阶段睡眠"，睡 4 个小时之后醒来吃些点心，上厕所，做爱，或者在壁炉边聊聊天；然后进入"第二阶段睡眠"，再睡四个小时。[2] 19 世纪出现的照明打乱了这一古老的节奏，提供了一系列日落之后可进行的现代活动，例如看戏、下馆子、加班干活，各种活动不一而足。埃克奇记录了由 19 世纪的风俗习惯建立起来的单独 8 小时连续睡眠的理想模式，以便适应照明出现后人居环境的显著改变。就像所有的调整适应，它的益处也带来了不可避免的成本。例如，困扰全世界几百万人的半夜失眠，从严格意义上说，并不是一种疾病，而是身体自然的睡眠节奏固执地坚持它们 19 世纪形成的传统。凌晨 3 点惊醒的时差反应，其实是由人造光引起的，而不是由空中旅行引起的。

牛油蜡烛摇曳的烛光不够明亮，无法改变我们的睡眠模式。要想造成如此重大的文化转变，19 世纪稳定而耀眼的照明必不可少。到 19 世纪末，这种照明将来自电灯泡炽热的灯丝。但是，这个世纪里照明的最初进步，却来源于某种或许会让今天的我们感到毛骨悚然的东西——一种重达 15 吨的海洋哺乳动物的头盖骨。

故事还得从一场暴风讲起。传说，1712 年左右，楠塔基特（Nantucket）海湾一道强劲的暴风将赫西（Hussey）船长吹向了远海。在北大西洋的深海，他和大自然中最奇特、最恐怖的生物——抹香鲸狭路相逢。[3]

赫西用捕鲸叉制服了这头巨兽；当然，也有人怀疑这头抹香鲸其实是被暴风吹到海岸上去的。但不管怎样，当地人在肢解这头巨兽的时候，发现了一种非常奇怪的东西。他们发现，在巨兽庞大的头颅里面，有一个颅腔充满了某种白色的油状物质。由于这种物质像精液，鲸油后来被称为"鲸脑油"。

直到今天，科学家也没有完全确定为什么抹香鲸会产生这么多的鲸脑油。（一头成熟的抹香鲸，头盖骨中的鲸脑油多达 500 加仑。）有人认为，鲸鱼利用鲸脑油来产生浮力；也有人认为，鲸脑油有助于这种动物的回声定位系统。然而，美国新英格兰人却很快找到了鲸脑油的一种新用途，就是制造蜡烛。与牛油蜡烛相比，用这种物质制造的蜡烛烛光明亮、纯净得多，而且没有讨厌的烟雾。到 18 世纪后半叶，鲸蜡蜡烛成为美国和欧洲最珍贵的一种人造光。

在 1751 年的一封信中，本·富兰克林（Ben Franklin）谈到他非常喜欢这种新的蜡烛，它们"能够发出纯净的白光，可以拿在手里，甚至在炎热的天气里也不会软化；和普通的蜡烛不同，即使蜡油滴落时也不会产生油渍。它们持续时间很长，而且几乎不用剪烛芯"。[4]鲸蜡蜡烛很快成为有钱人家的昂贵日用品。乔治·华盛顿估计，他一年在鲸蜡蜡烛上花的钱，约折合为现在的 15 000 美元。一时间蜡烛生意变得利润丰厚，以至于一群制造商组建了一个名为"鲸蜡蜡烛商联合公司"的组织，通常被称为"鲸油托拉斯"，目的在于将竞争者拒之门外，同时抑制捕鲸者的价格上涨。[5]

尽管蜡烛生意形成了垄断，但是只要有人捕获一头抹香鲸，经济回报就极为可观。鲸蜡蜡烛产生的人造光引发了捕鲸业的大爆发，楠塔基特和埃德加敦（Edgartown）这类风景如画的海滨小镇接连涌现。今天，它们的街道显得非常典雅，但在当时，捕鲸是非常危险和令人厌恶的行业。为了追捕这些庞然大物，几千人命丧大海，其中包括臭名昭著的"埃塞克斯"（Essex）号沉船事件中遇难的人们，赫尔曼·麦尔维尔（Herman Melville）从这一海难中获得灵感，最终写出了文学名著《白鲸》（Moby-Dick）。①

提取鲸脑油就像用鱼叉捕鲸一样困难。需要先在鲸鱼头部的一侧挖一个洞，然后让人爬入鱼脑上部的颅腔，在腐烂发臭的鲸鱼尸体内待上几天，将鲸脑油从动物脑部刮下来。引人注目的是，就在两百年前，人造光的历史还处在这样一个阶段：入夜后，如果你的曾曾曾祖父想要看书，某个可怜的家伙就得在一头鲸鱼的头颅内爬来爬去，忙上一个下午。[6]

在仅仅一百多年前，差不多有 30 万头抹香鲸被宰杀。[7]如果我们不是从地底下找到了人造光的一种新原料，发明了以石油为燃料的煤油灯和煤气灯，这种动物很有可能会被我们赶尽杀绝。这是灭绝史上一次更奇怪的转折。因为人类发现了深埋于地下的古老植物的沉积物，最奇特的海洋生物之一得以幸免，躲过灭顶之灾。

---

① 1820 年，捕鲸船"埃塞克斯"号被一头抹香鲸撞翻，船上仅有 8 人存活。他们坐上小船，在南太平洋上漂泊。后来他们找到了皮特凯恩群岛，但很快就吃光了岛上的海鸟。他们本想再去一趟社会岛，可是因为惧怕岛上的食人族，于是再次在一望无际的南太平洋上漂泊。由于海上环境恶劣，食物匮乏，他们开始自相残杀，只有船长和另外两人幸存。人们在南太平洋上发现了奄奄一息的他们。后来，美国作家赫尔曼·麦尔维尔根据这段曲折的历史写出了《白鲸》一书。——译者注

ERMACETI WHALE

南大洋的抹香鲸。出自威廉·贾丁爵士（Sir William Jardin）的著作
《自然图书馆·哺乳纲》（*The Naturalist's Library, Mammalia*，卷12，
1833—1843年）中的手绘版画。

———

在20世纪生活的方方面面，化石燃料都将占据重要的地位；但是它们
最初的商业应用，却是围绕光而展开的。这些新光源比有史以来的任何蜡烛
要亮20倍。随着人们在下班后的夜晚，越来越多地进行阅读，新光源更明亮

的光帮助催生了 19 世纪下半叶报刊出版业的大爆发。但也引起了文学的大爆发：成千上万人死于阅读光源喷发的炽热火焰。

尽管取得了这些进步，以现代标准来衡量，人造光仍然造价昂贵。在当今社会，人造光相对便宜，而且供应充足；但在 150 年前，晚上看书是一件奢侈的事情。从那以后，人造光稳定的进步，从一项罕见而无益的技术变得无处不在、强大有力，它为我们描绘了一幅这一时期进步的路线图。20 世纪 90 年代末，耶鲁大学历史学家威廉·D·诺德豪斯（William D. Nordhaus）发表了一份新颖独特的研究报告，以非凡的细节绘制了这一路线，分析了几千年的创新史上人造光的实际成本。

经济历史学家在评估某段时期经济的整体健康状况时，通常会使用平均工资这类首要的评估工具。与 1850 年的人们相比，今天的人们挣钱更多吗？当然，通货膨胀使这类比较变得很棘手，根据 19 世纪的物价水平，一个人每天挣 10 美元，就可跻身中上阶层。因此，我们需要制作通货膨胀表来帮助我们理解，那时候的 10 美元相当于现在的 160 美元。但是通货膨胀只是这个故事的一部分。"在主要的技术变化期间，"诺德豪斯认为，"精确价格指数的结构，敏锐捕捉到了新技术对生活标准的影响，而它们超出了官方统计机构的能力。我们今天消耗的物品不是一个世纪之前生产出来的，因为这一显而易见但通常不受重视的原因，基本的困难在所难免。"[8] 即使你在 1850 年有 160 美元，也买不到一台蜡筒留声机，更别说一台 iPod 音乐播放器。经济学家和历史学家不仅需要将货币的一般价值包括进去，还需要考虑哪些因素是货币可以购买的。

就是由于这个原因，诺德豪斯建议使用人造光的历史来阐明若干世纪以来工资的实际购买力。这些年来人造光的载体发生了显著的改变，从以前的蜡烛变成了现在的发光二极管（LED）。但是它们产生的光恒定不变，成为在急速的技术创新暴风雨中的某种支柱。因此，诺德豪斯提出了他的测量单位，就是生产 1 000 个"流明小时"人造光所耗费的成本。

1800 年的一支牛油蜡烛，估计成本约为每千流明小时 40 度。1992 年，当诺德豪斯首次编辑他的研究报告时，一个荧光灯管成本为同等照明的 1/10 度，效率提高到当初的 400 倍。但是，如果你将这些成本与同期平均工资的变化相比，你会发现这个故事更加激动人心。如果你在 1800 年平均工资水平下工作一个小时，所得报酬够你买 10 分钟的人造光。1880 年的时候有了煤油灯，同样工作一个小时，所得报酬够你在晚上看 3 个小时的书。今天，你在平均工资水平下工作一个小时，所得报酬够你买 300 天的人造光。[9]

显然，在牛油蜡烛、煤油灯和今天这个灯火璀璨的美妙世界各时代之间，肯定发生了某种异常奇特的事情。那就是电灯泡诞生了。

电灯泡的奇特之处在于，它已经成为创新"天才"论（在某个灵感突发的时刻，某个独立的发明者发明了某个新东西）的代名词；然而这一发明背后的真实故事，实际上却支持我们做出一个完全不同的解释框架：它的出现，其实依赖于一个创新模式的网络或系统。没错，电灯泡标志着创新史上的一个临界点的出现；但理由却可能完全不同。声称电灯泡是众包的产物也许很莽撞，但是声称它是由一个名叫托马斯·爱迪生（Thomas Edison）的人独立发明的，背离事实则更远。

托马斯·爱迪生。

典型的故事大致如此：在事业初获成功，发明出留声机和股票行情自动收录器之后，31 岁的爱迪生休假几个月，前往美国西部旅游；他选择这个地方或许并非巧合，与纽约和新泽西煤气灯灯光璀璨的街道相比，这个地区的夜晚伸手不见五指。1878 年 8 月，也就是爱迪生回到他的门洛帕克实验室两天之后，他在笔记本里画了三个示意图，题为"电灯"。直到 1879 年，他提交了一份有关"电灯"的专利申请，这个设备已具备我们今天所知的灯泡的所有主要特性。到 1882 年年末，爱迪生的公司已开始为曼哈顿下城区整个珍珠街提供电光。

这样的发明故事激动人心：门洛帕克的年轻天才灵感一闪，然后不出几年，他的创意照亮了整个世界。这个故事的问题在于，在爱迪生将他的注意力转向白炽灯之前，有关白炽灯的研究工作早在 80 年前就开始了。[10] 灯泡包含三个基本元素。首先是需要有接通电流后发光的某种灯丝，其次是能够避免灯丝很快熄灭的某种机械装置，最后是需要有一种供电方式，以便在初始阶段促发这一反应。1802 年，英国化学家汉弗莱·戴维（Humphry Davy）曾将一根铂丝贴在一块原始电池上，使其炽烈地燃烧了数分钟。到 19 世纪 40 年代为止，十几个发明家各自做出了各式各样的灯泡。1841 年，一个名叫弗雷德里克·德莫林斯（Frederick de Moleyns）的英国人申请了第一个白炽灯的专利。历史学家阿瑟·A·布莱特（Arthur A. Bright）整理了一个灯泡发明家的部分名单，直到 19 世纪 70 年代末爱迪生取得了最终的成功。

时间	发明家	国籍	元素	环境
1838 年	若巴尔（Jobard）	比利时	碳	真空
1840 年	格罗夫（Grove）	英国	铂	空气
1841 年	德莫林斯	英国	碳	真空
1845 年	斯塔尔（Starr）	美国	铂/碳	空气 真空
1848 年	斯泰特（Staite）	英国	铂/铱	空气
1849 年	皮特里（Petrie）	美国	碳	真空
1850 年	谢泼德（Shepard）	美国	铱	空气
1852 年	罗伯茨（Roberts）	英国	碳	真空
1856 年	德·尚日（De Changy）	法国	铂 碳	空气 真空
1858 年	加德纳与布洛瑟姆 （Gardiner & Blossom）	美国	铂	真空
1859 年	法默（Farmer）	美国	铂	空气
1860 年	斯旺（Swan）	英国	碳	真空
1865 年	亚当斯（Adams）	美国	碳	真空
1872 年	洛德金（Lodyguine）	俄国	碳 碳	真空 氮气
1875 年	科斯洛夫（Kosloff）	俄国	碳	氮气
1876 年	鲍里金（Bouliguine）	俄国	碳	真空
1878 年	方丹（Fontaine）	法国	碳	真空
1878 年	莱恩-福克斯 （Lane-Fox）	英国	铂/铱 铂/铱 石棉/碳	氮气 空气 氮气
1878 年	索耶（Sawyer）	美国	碳	氮气
1878 年	马克西姆（Maxim）	美国	碳	碳氢化合物
1878 年	法默	美国	碳	氮气
1879 年	法默	美国	碳	真空
1879 年	斯旺	英国	碳	真空
1879 年	爱迪生	美国	碳	真空

上表中至少半数的人想到了最终由爱迪生实验成功的这个基本配方：即使用一根碳丝，为避免氧化而将其悬垂于真空管中，这样就可防止灯丝燃烧过快。实际上，当爱迪生最终开始考虑试验电灯的时候，在最终放弃采用真空之前，他花了数月的时间研究一个反馈系统，用来调节电流大小防止灯丝熔解；尽管在他之前的发明家，将近一半都采用了真空作为持续发光的最佳环境。灯泡这类新发明，是在几十年的时间里一点点累积成形的。在灯泡的故事中，没有所谓的"灯泡时刻"。等到爱迪生按下珍珠街通电开关的时候，其他几家公司已经开始售卖它们自己的白炽灯了。此前一年，英国发明家约瑟夫·斯旺（Joseph Swan）也已用他的发明照亮了千家万户和各大影剧院。爱迪生发明灯泡的方式，和史蒂夫·乔布斯（Steve Jobs）发明MP3播放器的方式如出一辙：他们不是某个新发明的始作俑者，但他们是使其在市场上大获成功的第一人。

那么，为什么所有功劳都归结于爱迪生？对此，不妨用针对史蒂夫·乔布斯的似褒实贬的评价加以说明：他是一位市场营销和公共关系大师。在其职业生涯的这一时刻，爱迪生和媒体关系非常密切。（至少一次，爱迪生将公司的部分股份送给了一名记者，以换取更好的新闻报道。）爱迪生也可以说是一个我们现在所谓的"雾件"①大师。他宣布发布某些子虚乌有的产品，以吓退竞争对手。他研究电灯刚刚几个月，就大言不惭地告诉来自纽约各大报社的记者说，他已经解决了这一问题，即将推出一个全国性的神奇电光系统。

---

① "雾件"一词由英语单词"vaporware"直译过来，意思是指某项产品或技术，在面世之前大肆炒作而备受关注和期待，可是实际上却一拖再拖，只闻其声不见其影，在市场上始终无法买到，像雾一样，看得到而摸不着。"vapor"一词在英语里除了表示"水气"和"雾气"之外，还有"无实质之物"、"自夸者"等意思。中文俗语所谓"雷声大雨点儿小"，可以比较接近地描述这种状况。——译者注

他说，这个系统如此简单，即便是"一个擦鞋匠也能够理解"。

尽管爱迪生这么虚张声势，他实验室里研发出来的电光的最佳样本，却还是持续不了5分钟。但这并不妨碍他邀请媒体来到门洛帕克实验室参观他革命性的灯泡。爱迪生每次会带一位记者进去，按下灯泡的开关，让记者感受一下三到四分钟的灯光，然后领他走出房间。每当记者问爱迪生他的灯泡能持续多长时间时，他总是信心十足地回答："这么说吧，几乎不会有熄灭的时候！"

吹嘘归吹嘘，爱迪生和他的团队还是将这一具有革命性的神奇产品成功推上了市场，并称之为"爱迪生灯泡"，这和今天苹果公司的市场营销没什么两样。宣传和营销也只能做到这一步了。到1882年，爱迪生生产的一种灯泡和其竞争对手相比赢得了压倒性的优势，就像苹果的iPod播放器性能优于早期其对手的MP3播放器一样。

在某种程度上，爱迪生"新发明"的灯泡，与其说源自一个独立的伟大创意，不如说源自对细节的精益求精的追求。（他那句众人皆知的名言 "成功是百分之一的灵感加上百分之九十九的汗水"，用来形容他在人造光上的冒险，真是再贴切不过了。）爱迪生对电灯泡最了不起的独立贡献，无疑是他最终选定的碳化竹纤维丝。他至少浪费了一年的时间，试图将铂用作灯丝，但是铂过于昂贵，而且很容易熔化。放弃了铂之后，爱迪生和他的团队试遍的各种不同材料，简直可以组成个大观园，其中包括"赛璐珞、各种木屑（黄杨木、云杉木、山胡桃木、大叶桃花心木、雪松木、花梨木和枫木）、干腐木、软木、亚麻、椰子毛和壳，以及各种类型的纸"。[11]经过一年的实验之后，竹纤维丝被证明是最耐久的物质，由此揭开了全球商业史上最奇特的篇章之一。爱迪生派遣一系列门特帕克特使，前往全球各个角落搜寻自然界里燃烧最炽烈的竹纤维丝。一个代表在巴西的河上划行了 2 000 英里；另一个代表前往古巴，在那里他突然感染黄热病，客死异乡。还有一个名叫威廉·莫尔（William Moore）的代表冒险前往中国和日本，和当地一个农民达成协议，找到了门特帕克天才们所能找到的最强的竹纤维丝。多年里，这份协议运作平稳，源源不断地供应着能够照亮全世界每个房间的灯丝。灯泡或许不是由爱迪生发明的，但是他开创了一项传统，这项传统最终证明对现代创新有着举足轻重的影响，即美国电子公司开始从亚洲进口他们产品的组成部分。唯一的区别在于，在爱迪生时代，亚洲工厂还是一片森林。

爱迪生成功的另一个关键因素，是他在门洛帕克以自己为中心组建了一个团队，也就是人所共知的"野蛮人"（muckers）。这些野蛮人无论从专业技术还是国籍上来说都显得五花八门，其中有英国修理工查尔斯·巴彻勒（Charles Batchelor）、瑞士机械师约翰·克鲁西（John Kruesi）、物理学家和数学家弗朗西斯·厄普顿（Francis Upton），以及十多个绘图员、化学家和金属制造工。因为爱迪生的灯泡算不上某种独立的新发明，而是利用现有的各种细小的进步累积而成的技术，所以团队的多样性反而成为爱迪生最根本的优势所在。例如，解决灯丝问题，需要有厄普顿提供的对电阻和氧化的科学理解，这对爱迪生非科班出身、更依赖直觉的风格是一种补充；巴彻勒的机械应变能力，让他们能够测试这么多种各不相同的灯丝备选方案。门洛帕克标志着 20 世纪非常著名的一种组织形式的雏形，即跨学科研发实验室。在这种意义上，出自贝尔实验室和施乐帕罗奥多研究中心（Xerox PARC）这类组织的革命性创意和技术，其实最初源自爱迪生的工作室。爱迪生不仅发明技术，而且创建了一套完整的发明系统，这一系统将在 20 世纪工业中占据首要地位。

　　爱迪生同样帮助开创了另一种对现代高科技创新有着重要影响的传统，就是以股份而非仅仅现金的方式向员工支付报酬。1879 年，在狂热而紧张的灯泡研发过程中，爱迪生将爱迪生电灯公司（Edison Electric Light Company）5% 的股份送给厄普顿，当然后者必须承诺放弃他一年 600 美元的薪水。厄普顿在这一选择上挣扎良久，但最终不顾财务方面相对保守的父亲的反对，决定接受股份。当年年末，爱迪生股价飙升，厄普顿所持的股份已经价值 10 000 美元，相当于今天的 100 多万美元。在给父亲的信中，厄普顿不无得意地写道：“一想到您当初那么胆小谨慎，没见过世面，我就忍不住想笑。”[12]

　　无论从哪方面衡量，爱迪生都是一个真正的天才，一个 19 世纪创新史上的伟大人物。但是，随着灯泡的故事讲得一清二楚，我们在历史上误解了这个天才。他最伟大的成就，或许在于他知道如何激发出团队的创造性。他将各式各样的技能集合在一个重视实验和容许失败的环境里，用与组织的总体成功密切相关的经济回报来激励团队，并且将源自其他方面的各种创意融合起来，推陈出新。爱迪生曾经说过一段很有名的话：“对于那些试图抢先一步推出某项发明的知名人士或显赫人物来说，说实话我不是很感冒……吸引我的是他们的‘创意’。有人形容我‘与其说是个发明家，不如说是一块海绵’，我觉得非常贴切。”

　　灯泡是网络群体创新的产物；因此，与之相适应的是，最终实现的电灯不只是一个单独的实体，而更是一个网络或系统。爱迪生最终的真正胜利，不是来自真空管里燃烧的竹纤维丝，而是来自两年之后珍珠街的照明。要想使之成为可能，首先需要发明灯泡，但是也需要有一个稳定可靠的电流，一个将电流统一分配至社区的系统，一种将单个灯泡连到电网的机制，以及一个测量每家每户使用多少电的计量表。灯泡本身只是一件玩物，能令记者们

早期爱迪生碳丝灯。1897 年。

目眩神迷。爱迪生和他的"野蛮人"创造的东西比它重要得多。他们创建了一个集各种创新于一体的系统，这些创新彼此联系，使神奇的电光安全可靠，价格合理。[13]

第五大道酒店附近一景：
布拉什电灯公司（Brush Electric Light）的电灯照亮了纽约大街。

　　为什么我们那么在乎，发明灯泡的爱迪生究竟是一个独立的天才，还是一个更大的网络的一部分？首先，如果灯泡的发明将会成为讲述新技术如何形成的典型故事，那么我们不如把这个故事讲得尽量精确些。但是，它不只是要求所讲的事实准确无误，因为这类的故事还有更多的社会和政治寓意。我们知道，社会进步和生活标准的主要推动者是技术创新。我们知道，对于一些潮流，我们会加以鼓励，例如一个小时的工资所能换取的人造光，从 10 分钟变成了 300 天。如果我们认为，创新来自于某个独立的天才发明某项技术时的灵感一现，那么这种模式自然而然会驱使我们去制定某些政策，例如更强的专利保护。但是，如果我们认为，创新来自于协同工作的网络，那么我们会支持不同的政策和组织形式，专利法不会那么严格，标准会放开，员工会参与股票方案，跨学科合作会越来越多。电灯不仅为我们的床头阅读提供了光亮，而且帮助我们更清晰地看到，新的创意是如何形成的，作为一个社会又该如何培育这些创意。

　　人造光和政治价值观的联系更为密切。爱迪生的电灯照亮珍珠街之后，仅仅过了 6 年，在爱迪生点亮的梦幻世界北边仅仅相隔几个街区的街道上，另一个标新立异的人走在深夜的街头，他即将把光的发展推向一个新的方向。电光系统或许是由一群"野蛮人"发明的，但是人造光的下一个突破却来自于一个揭露社会黑暗的人。

———

　　在吉萨大金字塔中部位置的地底下，有一个表面以花岗石装饰的洞穴，名为"国王墓室"。这个墓室里只有一个物体，就是一个敞开的长方形盒子，有时称为"棺椁"，由红色的阿斯旺花岗岩雕刻而成，其中一个角已被削掉。

墓室的名字源自一个猜想，认为这具石棺曾经盛过法老胡夫（Khufu）的遗体，这位法老在 4 000 多年以前修建了这座金字塔。但是，一连串持不同意见的埃及古物学家指出，这具棺椁曾经另有用途。一个仍然流行的理论认为，这具棺椁具有《圣经》所言原始约柜的确切尺寸，由此暗示这具棺椁曾经是放置传说中的约柜的地方。

1861 年秋天，国王墓室来了一位访客，他苦苦研究一个同样标新立异的理论，这一理论围绕一个不同的《旧约》约柜而展开。这位访客就是查尔斯·皮亚齐·史密斯（Charles Piazzi Smyth），他作为苏格兰皇家天文学家已经任职 15 年，但他实际上是一个典型的维多利亚式博学者，有着各种稀奇古怪的爱好。史密斯刚刚读完一部奇怪的大部头著作，这本书认为金字塔最初是由《圣经》中的人物挪亚修建的。长久以来史密斯是一个足不出户的埃及古物学家，现在这一理论让他深陷其中，难以自拔，于是他离开爱丁堡的书房，前往吉萨亲自做第一手的调查研究。他的探查工作最终导致了数字命理学和古代历史的一种奇特的融合，体现在随后出版的一系列图书和手册中。史密斯通过详细分析金字塔的结构，坚信金字塔的建造者依赖于一个几乎完全等同于现代英寸的测量单位。史密斯解释这种对应关系其实是一种迹象，表明英寸本身是一个神圣的测量单位，是由上帝直接传给挪亚的。[14] 这反过来成为史密斯用来攻击穿过英吉利海峡逐渐流传开来的公制单位的火炮。埃及英寸的发现，清楚地表明公制不只是恶毒的法国影响的征兆，而且还是对上帝神圣旨意的背叛。

史密斯对大金字塔的科学研究，也许无法经受住时间的考验，甚至阻碍了英国接受公制单位。然而他仍然在国王墓室的研究中做出了足以载入史册的重大发现。史密斯将当时最先进的湿版摄影术笨重而脆弱的工具带到吉萨，

查尔斯·皮亚齐·史密斯

用以记录他的调查结果。但是，在国王墓室里，即便在火把照明之下，经过火棉胶处理的玻璃片仍然无法形成清晰的图像。自 19 世纪 30 年代第一批银版摄影照片印出以来，摄影师们一直在用人造光做实验；但到史密斯所处的时代为止，几乎所有的方案都难以取得令人满意的效果。（蜡烛和煤气灯显然不行。）早期实验将一个碳酸钙做的球加热，产生"石灰光"（在电光出现之前，剧院演出照明用的就是这种光），但是采用石灰光拍摄的照片对比度很差，人脸苍白如幽灵。

用人造光所做的实验无一取得成功。因此，当史密斯在国王墓室搭起他的摄影器材时，虽然银版摄影术发明的时间已经超过 30 年，但摄影技术仍然完全依赖于自然光；在巨大的金字塔内部，这种光明显不够充分。但是史密斯听说过最近有摄影师用镁丝做实验，就是将镁丝绕成螺旋状，在捕捉低光图像之前将其点燃。这项技术很有前景，但它发出的光很不稳定，而且会产生大量的浓烟。在一个封闭的环境里燃烧镁丝，容易使普通的肖像看起来好像是在浓雾中拍摄的。

史密斯意识到，在国王墓室里这种缓慢燃烧的东西肯定不行，他需要一种类似于闪电的东西。于是，据我们所知，这在人类历史上也是第一次，他将镁和火药混合在一起，造成一次可控的小型爆炸，刹那间照亮国王墓室的墙壁，足以使他能够在玻璃片上记录下墓室的秘密。今天，通过大金字塔的游客会见到一些标牌，禁止在这个巨大的建筑物内使用闪光灯照相。但它们不会提到，大金字塔其实也是闪光摄影术发明的地方。

或者至少可以说，大金字塔是闪光摄影术发明的地点之一。就像爱迪生的灯泡一样，有关闪光摄影术起源的真正故事，是一个更复杂、更网络化的事件。大创意总是由较小的、递增的突破聚合而成。将镁和某种富氧的可燃物相混合，史密斯或许是想出这一创意的第一人，但在接下来的 20 年里，闪光摄影术本身并没有成为一项主流技术，直到德国科学家阿道夫·米特（Adolf Miethe）和约翰内斯·盖迪克（Johannes Gaedicke）将上等镁粉和氯酸钾相混合，形成一种极为稳定的混合物，能够在低光条件下拍摄高速快门照片。他们称之为 Blitzlicht，即"闪光"。

米特和盖迪克发明闪光技术的消息很快传到了德国以外的地方。1887 年 10 月，纽约的一份报纸发了一条有关闪光技术的短短四行文字的新闻报道。[15] 很难说这是一条头版新闻，绝大多数纽约人根本不以为意。但是闪光技术这一创意，却在一个读者的脑海里引发了一连串的联想——一个刑事案专访记者兼业余摄影爱好者和妻子在布鲁克林吃早饭的时候，无意中读到了这篇报道。他的名字叫雅各布·里斯（Jacob Riis）。

里斯当时是一个 28 岁的丹麦移民，他最终被载入史册，是因为他对社会丑恶现象的报道；与同时代的其他人相比，他曝光了更多的公寓生活的肮脏，并由此激发了一项进步的改革运动。但是在 1887 年的这顿早餐之前，他对曼哈顿贫民窟令人震惊的生活状况的报道，尚未能以任何有意义的方式改变公众的观点。作为时任纽约警察局局长的泰迪·罗斯福（Teddy Roosevelt）的密友，里斯几年来一直深入了解五角地（Five Points）以及其他曼哈顿贫民窟的生活状况。在仅仅 15 000 套公寓里，充塞着 50 多万人口，曼哈顿的这些地方，是这个星球上人口最稠密的地区。里斯喜欢走夜路，深夜从桑树街（Mulberry Street）的警察局顺着冷清的小巷走回家。后来他回忆道："那时候，我们经常在凌晨走进最破烂的公寓，清点人数，查看他们是否违反了禁止过度拥挤的法律；我目睹的景象让我感到揪心，最后我感到我必须把看到的一切讲出来，否则我会爆发，或者变成无政府主义者，或者变成别的什么人。"[16]

雅各布·里斯。20世纪初。

　　探访过程中发现的一切让里斯深感震惊，他开始为当地报纸和《斯克里布纳》(*Scribner's*)、《哈泼斯》(*Harper's*) 这样的全国性杂志撰文，揭露公寓生活的普遍悲剧。对城市阴暗面的描写有着悠久的传统，至少可追溯至狄更斯 1840 年对纽约的可怕访问。关于公寓堕落状况的一些深入调查报告已经发表多年，例如《卫生与公共健康委员会报告》。内战后，介绍五角地及类似地区的"阳光与阴影"题材的图书盛行一时，为好奇的参观者提供指导，告诉他们如何探访大城市生活中这类脏乱不堪的软肋，或者身处小城镇世外桃源的安乐窝中，如何间接体验那种探秘的乐趣。（短语"逛贫民窟、体验下层社会生活"就来源于这类旅游探险指南。）尽管风格各异，这类文章都有一个共同的特点：在帮助改善那些贫民窟居民现实的生活条件方面，它们的影响力微乎其微。

　　长久以来，里斯一直怀疑，公寓改革以及消除城市贫困的总体行动方面遇到的问题，最终其实是移民的问题。除非你走过午夜之后五角地的街头，或依次走进挤满众多家庭的内部公寓的阴暗处，否则你根本无法想象那里的状况。它们和绝大多数美国人，或至少有选举权的绝大多数美国人的日常经历相距太远，因此整顿城市的政治授权从未能积累起足够的支持来消除这份疏远和漠不关心。

　　就像在他之前的城市脏乱状况的其他记录者一样，里斯也曾尝试用图画来戏剧性地体现破败公寓给人们带来的惨痛代价。但是线条画往往美化了痛苦，即便是昏暗无光的地下小破屋，看起来也像版画一样古色古香。似乎只有具备足够分辨率的摄影照片才能改变人心。但是每次里斯试图用摄影来表现这些场景，他仍然会陷入同样的僵局。他想要拍摄的任何事物，几乎都处于光线极不充足的环境里。实际上，非常多的公寓套间之所以那么令人反感，原因之一就是他们阴暗一片，连间接照射的阳光都没有。这是里斯最大的绊脚石。就摄影而言，城市里最重要的环境——实际上也就是世界上某些最重要的新居住区——确实是无形的。人们看不见它们。

这一切应该能够解释1887年雅各布·里斯在早餐桌旁的灵光一现。如果闪光技术能够照亮黑暗，为什么还要鼓捣什么线条画？

早餐大发现的两周内，里斯组建了一个业余摄影爱好者（以及几个充满好奇的警员）团队，携带闪光设备，一头扎进这个黑暗城市的最深处。（他们用左轮手枪发射类似子弹的物质来产生闪光。）五角地的不少居民发现这种射击聚会让人很难接受。里斯后来这样写道："五六个男人三更半夜私闯民宅，拿着大型手枪乱射一气——无论我们怎么说得天花乱坠，这样的场景实在是难以令人放心；无论我们走到哪里，当地居民不是翻窗逃跑就是顺着消防通道开溜，这种情况也不足为奇。"[17]

不久之后，里斯将左轮手枪换成了平底锅，声称这种设备似乎更显"家常"，而且会使他的调查对象在面对这一莫名其妙的新技术时更为放松。（简单的面对镜头的动作，对他们中的大多数人来说都是一件新鲜事。）但这仍然是一项危险的工作。有一次平底锅发生的小型爆炸，几乎使里斯双目失明。实验闪光灯的时候，他两次失火烧了自己家的房子。但是，从这些城区探险中得来的图像，最终将改变历史。里斯使用新的半色调印刷技术，在他一炮而红的畅销书《另一半人怎么生活》（*How the Other Half Lives*）中发表了这些摄影作品，并且在全国巡回演讲，随身携带的是五角地及其先前看不见的贫困的幻灯图像。一群人聚集在一个昏暗的房间里观看屏幕上明亮的图像，将成为20世纪表达幻想和满足愿望的一种惯常做法。但是，对大多数美国人而言，他们在那些环境里看到的最初图像，是充满污秽和人类苦难的图像。

纽约市摆也街（Bayard Street）一栋公寓里移民的栖身之所。

雅各布·里斯摄，1888 年。

　　里斯的著作和演讲，以及其中采用的异常精彩的图像，帮助社会舆论产生了重大的转变，同时为美国历史上社会改革的重要时期之一提供了舞台。里斯的图像发表后不到 10 年，受其影响，1901 年纽约州《廉租住房法》出台，这是美国在"进步年代"（Progressive Era）[①]最初的重大改革之一，消除了里斯所记录的绝大多数令人震惊的生活条件。[18] 他的作品引发了一个揭露

　　① "进步时代"，是指 1890 年至 1920 年期间，美国的社会行动主义和政治改良纷纷涌现的一个时代。进步运动的一项主要目标是以揭露和削弱政治利益集团和其大佬的方式净化美国政府内部的腐败，同时进一步建立直接民主的参政方式。进步运动者也试图通过反垄断法监管拥有垄断权力的托拉斯集团，以促进公平竞争，保障消费者权益。——译者注

社会黑暗现象的新传统，同时也最终改善了工人的工作条件。在某种意义上，照亮公寓的黑暗和污秽之后，也就改变了全世界城市中心的地图。

在这里，我们再次见到了社会历史中蜂鸟效应的奇特飞跃；新的发明所导致的结果，是发明者本人从未想到过的。镁和氯酸钾混合的作用看起来足够简单，闪光技术意味着人类能够在黑暗的环境里记录图像，而且比以往任何时候都更加精确。但是新的能力同样扩展了观察事物的其他可能性。这就是某种里斯立刻理解了的东西。如果你能够在黑暗中看见，如果因神奇的摄影术的出现你能够和全世界的陌生人分享这一视野，那么五角地的地下世界最终将向世人展现它全部的悲惨景象；《卫生与公共健康委员会报告》干巴巴的数据将代之以活生生的人，他们生活在同一片肮脏污秽的物理空间里。

发明闪光摄影术的思维网络，从试验石灰光的修补匠到史密斯，再到米特和盖迪克，他们故意设置了一个明确的目标，就是要开发出一种工具，使人们能够在黑暗中照相。但是，就像人类历史上几乎每项重大的创新一样，这一突破创建了一个平台，使截然不同的其他领域里的创新也成为可能。我们喜欢将世界分为整齐划一的类别，摄影术放这里，政治学放那里。但是闪光技术的历史提醒我们，创意总是在网络里运作的。它们通过协作的网络逐渐形成，一旦释放出来，又会引发一系列的变化，并且这些变化极少局限于某些单一的学科领域。发明闪光摄影术的一个世纪的努力，改变了下一个世纪里几百万城市居民的生活。

里斯的视野同样也应看作是对过分强调原始技术决定论的一种纠正。19世纪有人会发明闪光摄影术，事实上这是无可避免的。（一个简单的事实是，这项技术曾由多人独立发明出来，这就说明出现这种创意的时机已经成熟。）

但是这项技术本身并没有任何内在的东西，这就说明它可以用于照亮那些至少能够用得起它的人们的生活。当然，你也可以合理地预测说，摄影术在低光环境里遇到的问题，在 1900 年就能够"解决"了。但是，没有人能够预测到，它的第一个主流应用竟然是作为反对城市贫困的武器。这一转折仅仅属于里斯。技术的前进扩展了我们周围可能性的空间，但是如何探索这一空间，就是我们的事情了。

1968 年秋天，耶鲁大学艺术与建筑学院 16 名成员（包括 3 名教师和 13 名学生）组成的研究小组，开始了一项为期十天的考察，研究某个实际城市街道的城区设计。这件事本身没什么新意。自从大学里有了建筑系学生，也就有了他们经常流连于罗马、巴黎或巴西利亚的废墟和遗址上的身影。这个小组的奇特之处在于，他们抛下充满哥特式风格的纽黑文，前往另一座完全不同的城市——拉斯维加斯，它的发展速度超过了任何一座文物古迹随处可见的城市。这座城市完全不同于人口稠密、公寓林立的里斯的曼哈顿。但和里斯相同的是，这个耶鲁艺术班敏锐地感觉到在这条金光大道上某种新奇而重要的事情正在发生。这个由罗伯特·文丘里（Robert Venturi）和丹尼丝·斯科特·布朗（Danise Scott Brown）夫妻二人率领的团队日后会成为后现代主义建筑的奠基人，但现在他们却来到这个沙漠边陲城市，吸引他们的是拉斯维加斯的新奇，认真研究它时所引发的震撼力，以及观察到一个崭新的未来即将喷薄而出的兴奋感。同时，他们来拉斯维加斯也是为了看一种新的光。就像后现代主义的飞蛾扑火，他们扑向了氖。

20 世纪 60 年代内华达州拉斯维加斯闹市区夜景。

　　尽管从技术层面而言，氖是一种"稀有气体"，但实际上它遍布于地球大气层，只是数量非常少。每次你吸一口气，你就会吸入少量的氖，它混合在充满氮气和氧气的可呼吸空气中。在 20 世纪最初几年，一个名叫乔治斯·克劳德（Georges Claude）的法国科学家设计了一个空气液化系统，用于大量制造液态氮和氧。以工业标准处理这些元素时，产生了一种有趣的废物——氖。尽管氖只占普通空气的 1/66 000，克劳德的仪器每天却能生产 100 升的氖。[19]

身边的氖如此之多，克劳德想看看它到底有什么用。他以疯狂科学家的惯常方式，将这种气体分离，然后通上电流。在电压之下，这种气体发出鲜艳的红光。（这一过程的技术术语为"电离化"。）进一步的实验表明，其他稀有气体如氩和汞蒸汽通电后也会产生不同的颜色，而且它们的亮度是传统白炽灯的 5 倍。克劳德很快申请了霓虹灯的专利权，并且在巴黎的大皇宫（Grand Palais）前设立了一个展厅展示这一发明。人们对他的产品趋之若鹜，于是他为自己的新发明建立了一项特许经营业务，就像后来的麦当劳和肯德基做的那样。霓虹灯开始席卷欧洲和美国的城市景观。

20 世纪 20 年代初，犹他州的汤姆·杨（Tom Young）了解了霓虹电光这个新事物；[20] 他是英国移民，在当地开了一家手写标识的小公司。杨意识到氖不仅能用来产生五颜六色的光，如果将这种气体密封在玻璃管中，霓虹标识还能拼出文字，比传统的灯泡组方便多了。取得克劳德的授权后，杨成立了一家新的公司，业务覆盖了美国南部。杨意识到，即将完工的胡佛水坝（Hoover Dam）将为沙漠地区提供新的巨量电力资源，足以使整个城市通上霓虹灯。于是他组建了一家新公司——杨氏电气标识公司（Young Electric Sign Company，简写为 YESCO）。不久之后，他开始为一家新的赌场酒店博德斯（The Boulders）设计标识，这家酒店开在内华达州一个默默无闻的小镇拉斯维加斯。

一项新技术从法国辗转传入美国犹他州一个标识设计商的手里，这种机缘巧合将创建 20 世纪城市生活中最显著的标志之一，霓虹广告将成为全世界大城市中心的一个定义特征，例如时代广场或东京的涩谷交叉口。但是没有哪个城市像拉斯维加斯那样热情洋溢地接受霓虹灯，那些奢华绚丽的霓虹项目大多是由杨氏公司设计、搭建和维护的。"拉斯维加斯的天际线是由标识而不是由高楼大厦组成的，这样的城市全世界找不出第二座。"汤姆·沃尔夫（Tom Wolfe）在 20 世纪 60 年代写道："人们从一英里之外的 91 号公路观看拉斯维加斯，看不到高楼、树木，只有标识。但这不是普通的标识！它们高高耸立，旋转、摇摆、一飞冲天，各种怪异的造型即便搜遍艺术史也找不出合适的词语来形容。"[21]

就是这种新奇感吸引文图里和布朗带领一帮建筑系学生在 1968 年秋天来到拉斯维加斯。布朗和文图里意识到，在这个霓虹闪烁的沙漠绿洲上，一种新的视觉语言出现了，它完全不符合现代设计艺术现存的语言体系。首先，拉斯维加斯围绕汽车驾驶者的有利视角而建，他们驾车沿着弗里蒙特大街（Fremont Street）缓缓而行，街道两边的商店橱窗和人行道展柜已经让位于 60 英尺高的霓虹牛仔。有着严谨几何设计的西格拉姆大厦（Seagram Building）或巴西利亚已经让位于一种好玩嬉戏的无秩序状态。淘金热中的狂野西部冲破了古老英国封建设计的藩篱，旁边是卡通图案，前面是一连串看不到头的婚礼用小教堂。"过去、现在、寻常事物、陈词滥调中的典故和评论，以及神圣或世俗环境中的日常事物，这是当今的现代主义建筑所缺乏的。"布朗和文丘里写道，"我们能够从拉斯维加斯学到这些东西，而其他艺术家则是从他们自己世俗而讲究风格的源泉学习。"[22]

典故、评论和陈词滥调的语言是以霓虹灯写就的。布朗和文图里甚至拼出了弗里蒙特大街上能够看到的每一个霓虹闪烁的字。他们写道："在 17 世纪，鲁本斯（Rubens）创造了一个绘画的'工厂'，'工厂'里不同工人专攻布料、树叶或裸体。在拉斯维加斯，也有这样一个标识'工厂'，就是杨氏电气标识公司。"直到那时，拉斯维加斯代表的狂热仍然单纯地属于低俗商业的世界——艳俗的标识指向赌巢，甚至某些更加不堪的地方。但是布朗和文图里在这片瓦砾中发现了某种更有趣的东西。就像乔治·克劳德60多年前所发现的那样，一个人的废物可能是另一个人的无价之宝。

想一想这些不同的方面。1898年人们发现了一种稀有气体的原子；一个科学家兼工程师用他"液态空气"的废料做实验；犹他州有一位野心勃勃的标识设计师；此外，还有一个城市在沙漠里繁荣发展。不知什么原因，所有这些方面汇集在一起，使《向拉斯维加斯学习》(Learning from Las Vegas)一书更像是一个论据。对于这本书，建筑师和城市规划者将会研究并争论几十年的时间；在接下来的20年里，后现代主义风格占据主流地位，而本书对后现代主义风格的影响，没有任何其他图书能够与之相提并论。

历史的传统阐释框架是经济史、艺术史，或者创新模式的"独立天才论"；对于它们所忽略的如何以长焦方式展现最根本的要素，《向拉斯维加斯学习》则为我们提供了一个清晰的案例研究。当你询问后现代主义为何会成为一次运动时，在最基本的层面上，答案至少也应该包括乔治斯·克劳德和他几百升的氖。无论如何，克劳德的创新不是唯一的原因，但是如果我们生活在另外一个没有霓虹灯的世界，那么我们后现代主义建筑的出现很有可能会遵循一条完全不同的道路。氖气和电之间的奇特反应，以及授权新技术的特许经营模式，都是这个支持结构的一部分，如果没有它们，是不可能闭门造车写出《向拉斯维加斯学习》一书的。

这听起来很像是凯文·贝肯六度空间游戏的另外一个版本。只要因果关系链足够多，你完全可以将后现代主义追溯至中国万里长城的修建，或者恐龙的灭绝。但是从氖到后现代主义的发展存在直接的因果链条。克劳德发明了霓虹灯；杨将它带到拉斯维加斯；在那里考察的文丘里和布朗决定第一次认真研究一下这种"旋转而摇摆"的光。当然，文丘里和布朗也需要电，但是在 20 世纪 60 年代，又有哪种东西不需要电呢？例如月球登陆，地下丝绒乐队（the Velvet Underground），以及《我有一个梦想》的演讲。出于同样的原因，文丘里和布朗还需要稀有气体；不用说，他们需要氧气才能写出《向拉斯维加斯学习》，但是只有氖这种稀有气体，才使他们的故事独一无二。

创意脱离了科学，进入商业洪流，并因此而流入较难预测的艺术与哲学的旋涡。但有时它们会冒险逆流而上，从审美思辨变成自然科学。1898 年，H·G·威尔斯（H. G. Wells）出版了他的开创性长篇小说《星际战争》（*The War of the Worlds*），由此帮助创建了一种科幻小说题材，在接下来的一个世纪里，这种题材在大众想象方面占据了非常重要的地位。这本书将一个更具体的概念引入了科幻小说题材，即"热射线"，火星人入侵时就是使用这种武器来摧毁整座城镇。威尔斯在描写技术先进的外星人时，这样写道："从某种意义上说，他们能够在一个完全不导电的室内产生强热。通过某种组成不明的抛光的抛物柱面镜，他们将这种强热聚合成一道平行光束，发射到他们瞄准的任何物体上，就像灯塔的抛物柱面镜发射光线一样。"[23]

热射线是我们捏造出来的、不知何故受困于大众心理的众多事物之一。从《飞侠哥顿》（*Flash Gordon*）到《星际迷航》（*Star Trek*）再到《星球大战》（*Star Wars*），在任何足够先进的未来文明里，采用集成光射线的武器似乎变成了某种必备之物。然而，真正的激光射线直到 20 世纪 50 年代末才出现，又过了 20 年才进入我们的日常生活。我们再次看到，科幻小说作家领先了科学家们一两步。

　　但是至少从短期而言，科幻小说在一件事情上弄错了。飞侠哥顿的兵器库里没有死亡射线，我们发现最多的只不过是一些激光标签。当激光最终进入我们的生活，做武器也许很糟糕，但在完全出乎科幻小说家想象的某些方面却表现出色，例如算出一块口香糖的成本。

　　就像灯泡一样，激光也不是一种独立的发明；相反，正如技术历史学家乔恩·格特纳所言，"它属于 20 世纪 60 年代发明风潮的产物"。[24] 它源自于贝尔实验室和休斯飞机公司（Hughes Aircraft）的研究，最有趣的是，它还来自于物理学家戈登·古尔德（Gordon Gould）独立的零碎研究工作。古尔德最让人难忘的一点是，他对自己在曼哈顿一家糖果店里想出的这一原创设计进行了公证，并且因为激光专利权而打了 30 年的官司（最后他赢了）。激光是高度集中的光束，光从正常的混沌无序降低为一种单一的有序频率。贝尔实验室的约翰·皮尔斯（John Pierce）曾说："激光之于普通的光，就像广播信号之于静电。"[25]

　　然而，和灯泡不同的是，最初人们对激光的兴趣，不是因为它显而易见会成为一种消费产品。研究者们知道，激光的集中信号可用于嵌入信息，效率超过现存的电源线，但是这种带宽究竟如何使用，当时还不是很明显。"和信号、通信紧密相关的某种东西出现了，"当时皮尔斯解释道，"这种新东西人们所知甚少，而你集合了一批能在这方面有所作为的人，那么你最好放手去干。入行之后细节方面的烦心事情，不妨以后再想。"最后，正如我们所见，激光技术在纤维光学方面对数字通信产生了举足轻重的作用。但是，激光的第一种关键性应用，产生于收银台，是伴随 20 世纪 70 年代中期条形码扫描器的出现而出现的。

　　设计由某种机器读取的代码来识别商品和其价格，这一创意已经流传了将近半个世纪。20 世纪 50 年代，一个名叫诺曼·约瑟夫·伍德兰（Norman Joseph Woodland）的发明家受到莫尔斯代码点与线的启发，设计了一种看起来像牛眼睛的视觉代码。但是它需要一个 500 瓦的灯泡，亮度几乎是普通灯泡的 10 倍，而且当时读码还不是很准确。但是人们发现，在扫描一系列的黑白符号方面，激光的表现极为出色，尽管当时的激光技术才刚刚起步。到 20 世纪 70 年代初，可用于操作的激光首次亮相后仅仅几年，现代条形码系统，即通用产品码（Universal Product Code，简写为 UPC），已成为占主导地位的标准。1974 年 6 月 26 日，俄亥俄州一家超市的一块口香糖成为历史上第一个接受激光条形码扫描的产品。这项技术传播缓慢。时至 1978 年，配备条形码扫描器的商店不超过 1%。但现在，你购买的任何商品，几乎都有一个条形码。

2012 年，一个名叫埃默克·巴斯克（Emek Basker）的经济学教授发表了一篇论文，评估条形码扫描对经济的影响，详细记录了这项技术在家庭式经营店铺和大型连锁商店的传播过程。巴斯克的数据证实了早期采用这项技术的典型交易模式。最初使用条形码扫描器的那些商店，绝大多数一开始看不出这里面有什么好处，因为雇员们使用这项技术还得事先经过培训，而且绝大多数商品当时还没有条形码。然而，随着时间的推移，条形码越来越普及，它的效率也越来越突出。但是，在巴斯克的研究中，最引人注目的发现是，使用条形码扫描器带来的效率的提高，并不是平均分布的；在这方面，大商店的表现比小商店要好得多。[26]

一家保持大量库存的商店总是有其内在的优势。顾客在挑选商品时有更多的选择，而且从批发商那里大量进货价格也更便宜。但是在条形码和其他电脑化库存管理工具出现之前，储存大量库存的好处却大多被跟踪所有货物所需的成本给抵消掉了。如果你的库存是 1 000 件商品而不是 100 件，你就需要更多的人手和时间来计算哪些热卖的商品需要重新进货，哪些商品卖不动，白白占了货架空间。但是条形码和扫描器大幅降低了保持大量库存的成本。在条形码扫描器被采用之后的几十年里，美国的零售商店在规模上取得了爆炸性的发展；库存管理自动化之后，连锁商店毫无压力地快速发展为宏伟壮观的超级商场，它们在今天的零售购物中占据了主导地位。如果没有条形码扫描技术，塔吉特（Target）、百思买（Best Buy）以及规模堪比航站楼的超级商场将很难形成现在的规模。如果在激光的历史上曾经有过一道死亡射线，那也是针对家庭式店铺的一个隐喻，这些独立经营的小店已被超级市场革命所淘汰。

　　看到威力无比的激光扫描一盒盒口香糖，这种高度集中的光只能用于库存管理，早期的《飞侠哥顿》和《星际战争》的科幻迷们一定会大感失望；但是一想到加利福尼亚州南部劳伦斯·利弗莫尔实验室（Lawrence Livermore Labs）的国家点火装置（National Ignition Facility），他们的精神还是会为之一振，科学家们在这里建造了全世界规模最大、最高能的激光系统。人造光最初用作简单的照明，帮助我们在天黑后看书或消遣娱乐；不久之后，它被改造成广告、艺术和信息。但是在国家点火装置，他们循环撷取光，利用激光产生一种基于核聚变的新能源，再现了在太阳致密内核内自然发生的这一过程。太阳是我们自然光的原始来源。

　　在国家点火装置内部，靠近"靶室"即核聚变发生的地方，一条长廊上点缀着某种乍看之下类似一系列相同的罗斯科①画作的东西，每个展现为 8 个餐盘大小的红色大方格。总共有 192 个激光器，每个激光器表示在点火室里同时轰击一个氢核的一道激光束。我们习惯于将激光看作细如针尖的集中的光，但是在国家点火装置，激光更像是炮弹，将近两百条激光束集中在一起，所产生的高能 X 射线足以使 H · G · 威尔斯深感自豪。

这个造价几十亿美元的复杂装置设计用于执行不连续的、持续时间短至几微秒的事件。让激光束轰击氢燃料，同时几百个感应器和高速相机在观测这一过程。在国家点火装置内部，他们称这类事件为"发射"。一次发射需要超过 60 万次控制的精细协作。一个激光束在一系列透镜和反射镜的反射下穿行 1 500 千米，组合后最终能量达到 180 万焦耳和 500 兆瓦特，汇集成一个一颗胡椒籽大小的燃料源。这些激光束必须安排得极为精确，类似于站在旧金山 AT&T 公园的投手区平台，要将球投向大约 350 英里之外的洛杉矶道奇体育场（Dodger Stadium）。在其短暂的持续时间内每微秒光产生的脉冲所含的能量，是美国整个国家电网能量的 1 000 倍。

当国家点火装置的所有能量轰然撞击它们一毫米大小的靶物质时，靶物质内产生了某些前所未有的状态，例如超过一亿度的高温，100 倍于铅的密度，超过地球大气压一亿倍的气压。这些状态类似于恒星内部、巨行星内核和核武器的状态，通过氢原子聚变释放出巨大的能量，它们能够使国家点火装置在地球上制造出一颗实质上的小型恒星。在激光束对氢原子施加压力的

---

① 马克 · 罗斯科（Mark Rothko，1903—1970），美国抽象派画家，抽象派运动早期领袖之一。生于俄国，10 岁时移居美国，曾在纽约艺术学生联合学院学习，师从于马克斯 · 韦伯。他最初的艺术是现实主义的，后尝试过表现主义、超现实主义的方法。此后，他逐渐抛弃具体的形式，在 20 世纪 40 年代末形成了自己完全抽象的色域绘画风格。代表作品有《红色中的赭色和红色》和《绿色和栗色》。——译者注

沃恩·德拉古（Vaughn Draggoo）在检查国家点火装置的一个巨型靶室。
该装置位于加利福尼亚州，是一个光诱导核聚变的未来测试中心。
192 条激光束将轰击一个核聚变燃料芯块，以产生可控的热核爆炸（2001 年）。

一瞬间，燃料芯块是太阳系里最炙热的地方，甚至比太阳中心还热。

国家点火装置的目的不是要制造死亡射线，或终极的条形码扫描器。它的目的是制造一种洁净的可持续能源。2013 年，国家点火装置宣布，在几次发射过程中这种设备第一次产生了净正能源；差别在于，核聚变过程所需的能量略少于它产生的能量。时至今日，它仍然难以做到大批量高效复制，但是国家点火装置的科学家们相信，通过反复实验，他们最终将能够用激光束以近乎完美的对称性来对燃料芯块进行实施。到那时候，我们将获得一种具有无限潜力的能源，为所有灯泡、霓虹标识和条形码扫描器供能，不用说也能为现代生活所依赖的电脑、空调和电动汽车供能。

汇聚在氢核上的 192 条激光束，醒目地提醒我们，在如此短的时间里我们已经取得了多大的成就。就在两百年前，最先进的人造光还来源于在茫茫大海一艘渔船的甲板上切开一头鲸鱼的头颅。今天，我们能够利用光在地球上制造一个人造太阳，尽管持续时间极短。没有人知道美国国家点火装置的科学家们最终能否达到目的，制造出一种以核聚变为基础的洁净的可持续能源。甚至有人会认为这是蠢事一桩，虽然名字起得好听，其实不过是一场激光秀而已，它回报的能量绝不可能超过耗费的能量。但是，踏上为期三年的航程，在太平洋腹地搜寻那些长达 80 英尺的海上巨无霸不也同样疯狂吗？而且，在一个世纪里，这种搜寻不知为何刺激了我们对光的求知欲。或许，国家点火装置的空想家们，或这个世界上某个地方的其他一队"野蛮人"，最终将完成同样的事情。我们仍然在以这种或那种方式追求新的光。

▎时光旅行者

　　1835 年 7 月 8 日，一个名叫威廉·金（William King）的英国男爵在伦敦西郊的庄园举行了一个小型的结婚仪式；这个庄园名叫福特胡克，曾经属于小说家亨利·菲尔丁（Henry Fielding）。人人都说这个婚礼温馨亲切，尽管考虑到金的头衔和家庭财富，它的低调似乎让人颇感意外。这场婚礼办得这么亲切，是因为普通大众对 19 岁的新娘迷恋不已；她就是美艳不可方物的奥古斯塔·拜伦（Augusta Byron），声名狼藉的浪漫派诗人拜伦勋爵的女儿，现在人们一般称呼她的中间名埃达（Ada）。那时拜伦已经去世 10 年了，而且自女儿小时候起，拜伦就没有见过她，但是他的创作才华和放浪形骸震惊了整个欧洲文化界，至今波澜未息。1835 年的时候，还没有所谓的狗仔队跟踪金男爵和他的新娘，但是埃达名声在外，婚礼时保持适度的谨慎还是必要的。

　　短暂的蜜月过后，埃达和她的丈夫开始将他们的时间分为两半，一半在萨默塞特的另一块地产——奥卡姆家族庄园度过，另一半在伦敦的家里度过，生活悠闲惬意，尽管得面对维持三个住处正常运转这种令人妒忌的烦恼。到1840年，夫妻俩有了三个孩子，而且在维多利亚女王的加冕名单上，金已经晋升为伯爵。

按照维多利亚社会的传统标准，埃达的生活似乎就是每个女人梦寐以求的：贵族身份，爱她的丈夫，三个孩子，其中包括最重要的男性继承人。但是当她逐渐适应了身为人母的家庭职责和管理一处地产的事务后，她发现自己越来越不安分，对维多利亚时代女性闻所未闻的一些事情变得兴致盎然。在19世纪40年代，一个女人赶时髦热衷于创造性艺术，甚至尝试写点儿自己的小说或散文，这都不算什么不可能的事。但是埃达的思维转向了另外一个方向，她对数字很感兴趣。

埃达十几岁的时候，她的母亲安娜贝拉·拜伦（Annabella Byron）曾经鼓励她学习数学，接连请了几位老师指导她代数和三角学。在那个年代，女性被排除于皇家科学院这类重要的科研机构之外，而且女性通常被认为不擅长严谨的科学思维，因此她学习这门课程显得很激进。但是安娜贝拉鼓励女儿学习数学实则另有所图，她希望有条不紊、注重实效的科学研究精神能够抹去已去世的父亲对女儿的危险影响。安娜贝拉心想，一个数字的世界也许能将女儿从放荡堕落的艺术中拯救出来。[1]

一段时间里，安娜贝拉的计划似乎进展顺利。埃达的丈夫已经被封为洛夫莱斯伯爵（Earl of Lovelace），作为一个家庭，他们的未来之路似乎避开了15年前毁灭拜伦勋爵的那些混乱不堪和离经叛道。但是随着第三个孩子年纪稍长，埃达不满足于作为一个维多利亚时代的母亲，每日被家庭琐事缠身，不由自主又回到了她的数学世界。她这一时期的信件，展现了一种奇特而复

洛夫莱斯伯爵夫人奥古斯塔·埃达。约 1840 年。

杂的浪漫主义情怀，就是灵魂感觉到自己大于它所深陷其中的这个平凡世界，同时这种情怀又混合了她对数学推理能力的坚定信念。埃达论及微分学时的那种激情洋溢和自信满满，和她父亲描写不伦之恋时没什么两样：

> 由于我神经系统中的某种怪癖，我对一些事物的理解，任何其他人都是不会有……这种对隐秘事物的直觉感受的。这些事物隐藏于我们的眼睛、耳朵和普通感官之外。在探索未知世界时，光这一点就多多少少给了我一些优势。但其次重要的是我强大的推理能力，以及我的综合分析能力。[2]

1841 年最后几个月，在家庭生活和对数学研究的雄心上，埃达的矛盾心理达到了一个危机点，当时她从母亲那里得知，拜伦勋爵在去世的几年前曾经和自己同父异母的姐姐生下一个女儿。埃达的父亲不仅是他那个时代里最臭名昭著的作家，而且还犯有乱伦罪，乱伦后生下的一个女孩曾是埃达认识多年的好友。安娜贝拉主动把这件事告诉女儿，是想明确证明拜伦就是个混蛋，那种离经叛道、惊世骇俗的生活方式最终只会落得身败名裂。

因此，年仅 25 岁、青春尚在的埃达·洛夫莱斯发现自己身处一个十字路口，面对两条完全不同的人生道路。她可以勉强接受作为一个伯爵夫人雍容安稳的生活，端庄得体地终其一生；也可以尽情发展她"神经系统中的那些怪癖"，为自己也为她独特的天赋寻求一条原始的路径。

这样的选择非常契合埃达所处时代的文化：传统习俗的条条框框规定并限制了女人能够做什么；继承的大笔财富首先能够让她自由选择做什么；悠闲的时间则允许她反复考虑再做决定。但是，她前面的道路同样由她的基因雕刻而出，由她的天赋和秉性，甚至由她继承自父母的那种疯狂所造就。在家庭的稳定和打破某种传统之间做选择，从一定意义上说，就是在她母亲和父亲之间做选择。选择在奥卡姆庄园过安稳的日子，这条道路相对轻松省心；所有的社会压力都迫使她往这个方向走。然而，无论喜欢与否，她仍然是拜伦的女儿。传统的生活似乎变得越来越难以接受。

但是，面对二十几岁所遭遇的人生困境，洛夫莱斯伯爵夫人埃达找到了一条出路。另一个才华横溢的维多利亚时代的人同样走在了时代的前面，通过和他合作，埃达最终闯出的一条道路，使她既能够越过维多利亚时代的社会障碍，同时又不必屈从于导致她父亲毁灭的那种创造性混乱。她最终成为一名软件程序员。

在 19 世纪中期写代码，这样的事情似乎只有通过时光旅行才有可能；然而凑巧的是，埃达遇到的一个维多利亚时代的人刚好就能够给她这样一个项目。查尔斯 · 巴贝奇（Charles Babbage）就是这样一位才华横溢、不拘一格的发明家，当时他正忙着设计他超前的分析机（Analytical Engine）。在此之前，巴贝奇已经耗费了 20 年的时间，研制当时最先进的计算器；但是从 19 世纪 30 年代中期开始，他着手进行一个新的项目，而且这个项目贯穿了他的余生，那就是设计一种真正的可编程计算机，能够进行复杂的系列计算，性能远超过同时代任何其他机器。巴贝奇试图用工业时代的机械零件来制造一台数字时代的计算机，因此他的分析机注定会走向失败；但是从概念上说，它是一个了不起的飞跃。巴贝奇的设计预见到了现代计算机所有的主要组成部分，例如中央处理器概念（巴贝奇称之为"磨坊"），随机存取存储器概念，以及控制机器的软件概念，用于蚀刻软件的穿孔卡片，与一个多世纪之后用于给计算机编程的那些卡片别无二致。

查尔斯·巴贝奇。

埃达 17 岁时第一次见到巴贝奇，当时是在他赫赫有名的伦敦沙龙上；接下来的岁月里，两人一直通过信件保持联系，信件内容亲切友好，充满知识趣味。19 世纪 40 年代初，徘徊于人生十字路口的她给巴贝奇写了一封信，暗示他也许能够成为她逃离奥卡姆庄园生活种种束缚的一条通道：

> 我迫切想和你谈谈。我想提醒你一件事。我感到，将来某个时候，我的头脑或许会被你塑造，服从于你的某个目标或计划。如果是这样，如果我值得被你所使用，或能够被你所使用，那么我的头脑随时属于你。[3]

事实表明，巴贝奇确实使用了埃达非凡的头脑，而且他们的合作也将成为计算史上的奠基性工作之一。一个意大利工程师写了一篇论文评价巴贝奇的机器，在一个朋友的建议下，埃达将其翻译为英语。她将这件事告诉了巴贝奇，后者问她为何不干脆自己写一篇这方面的论文。埃达虽然志向远大，但从来没想过要写一篇自己的分析文章。于是，在巴贝奇的鼓励下，她将自己所写的格言般的评论结合到一系列扩展性脚注中，附在那篇意大利语论文之后。

最终事实证明，这些脚注的价值和影响力远远超过了它们所注解的原始文本。它们所包含的一系列基本指令集，能够用于指导分析机的计算。这些指令集现在被看作是曾经发表过的可运行软件的最初典范，尽管能够实际运行这些代码的机器还需要一个世纪才被制造出来。

埃达究竟是不是这些程序的唯一作者？她是否仅仅对巴贝奇之前已经独立开发出来的程序进行了一些优化工作？关于这类问题，现在还存在一些争议。但是埃达的伟大贡献不在于写出指令集，而在于她为这种机器预见到了广泛的应用功能，这是巴贝奇自己从未考虑过的。她写道："很多人认为，既

巴贝奇的分析机。

然这个机器的作用就是以数字符号的形式给出它的结果，那么其过程的本质相应地也必须是运算的和数字的，而不能是代数的和分析的。这种想法是错的。这个机器能够对数量进行排列和组合，就像它们是字母和任何其他通用符号一样。"埃达意识到巴贝奇的机器不是一个单纯的数字计算器，它的潜在用途远远超越了机械死板的运算。有一天它或许能够掌握高等艺术：

> 设想一下，例如，和声和乐曲科学中各种乐音的基本关系很容易受到这种表达和改编方式的影响，那么这个机器也有可能写出精巧而科学的乐曲，而且乐曲的复杂性和广度没有限制。[4]

在19世纪中期，这种极富想象力的思维飞跃几乎超出了所有人的理解力。可编程计算机这一创意实在是太难以想象了，巴贝奇同时代的几乎所有人都理解不了他发明出来的这种东西；但是，不知何故，埃达能够更加深入地理解这一概念，甚至提出这种机器或许还能魔幻般地制作出语言和艺术。一个脚注所打开的概念空间，最终将会被21世纪早期文化的某种东西所填补，例如谷歌搜索、电子音乐、苹果iTunes或超文本。计算机不只是一种异常灵活的计算器，它还将是一种富有表现力、具有代表性甚至具有审美趣味的机器。

当然，事实证明，巴贝奇的创意和洛夫莱斯伯爵夫人的脚注远远超越了他们的时代，以至于很长一段时间里他们在历史中湮没无闻。直到100年之后，巴贝奇的大多数核心见解才被一个个再次发掘出来；20世纪40年代，第一台可运行的计算机出现了，为它提供支持的是电力和真空管，而不是蒸汽动力。在20世纪70年代之前，计算机作为一种审美工具，不仅能够进行计算，而且能够产生文化——这种观念尚未广泛传播开来，即便在波士顿或硅谷这类高科技中心也是如此。

至少在现代，大多数重大创新的问世，都源自于众多发现的同时出现。各种概念和技术的碎片汇集在一起，就使某种创意变得越来越触手可及，例如人工制冷或灯泡。在整个世界范围内，你突然发现很多人都在研究这个问题，而且他们的研究手段和这一问题最终获得解决时所采用的基本手段，通常已经相去不远。在发明电灯泡的过程中，对于真空管或碳丝的重要性，爱迪生和他的同辈有可能观点不尽相同，但他们中没有谁这时候在研究发光二极管。历史记录中多重同步发明占主导地位，对历史和科学而言有着有趣的暗示。发明的序列在何种程度上被物理学基本定律、信息或地球环境的生物与化学局限性确定下来了？我们理所当然地认为，微波炉的发明只能出现在人类掌握了神奇的火之后；但是，有些发明真的就那么无法避免吗？例如，眼镜发明之后，很快就有了望远镜和显微镜。（例如，是否可以设想一下，先是眼镜获得了普及，但是接下来出现了 500 年的停顿，然后才有人想着去改造它，做出一个望远镜？这种情况看起来不可能，但我认为并非不可能。）在技术的化石记录上，这些同步发明现象非常明显，这个事实至少能够告诉我们，历史事件的某些影响以一种前所未有的方式使一项新技术变得触手可及。

那么，究竟是哪些历史事件呢？这是一个更模糊但是非常有趣的问题。在此我想简略提供几个答案。以镜片为例，它是从几项不同的技术发展中涌现出来的，例如玻璃制造技术，特别是穆拉诺岛的先进技术蓬勃发展；玻璃"宝珠"的普及，帮助僧侣们年老时阅读经文；印刷术的发明，使人们对眼镜的需求激增。（当然，这里面还少不了二氧化硅本身的基本物理属性。）我们无法确切知道这些影响的实际程度，毫无疑问，经过多年之后，某些影响就像从遥远的星球发出来的光，过于微妙而导致我们无法察觉。但是这一问题肯定是值得探索的,尽管我们接受了多少有些取巧的答案,在探究南北战争背后的原因和沙尘暴时代(Dust Bowl era)的旱灾时我们就是这样做的。它们之所以值得探索,是因为今天的我们正在经历类似的革命,这些革命是由我们自己的临近性可能的界限和机遇所确定的。从塑造了我们以往社会的创新模式中吸取教训,只会帮助我们更加成功地驶向未来,即使我们对过往的解释并不像科学理论一样可以被检验。

但是,如果同步发明是惯常的事,那么怎么解释那些特例呢?怎么解释巴贝奇和洛夫莱斯伯爵夫人的故事呢?与当时这个星球上的任何其他人相比,他们的思维实际上超前了一个世纪。大多数创新发生在临近性可能的当前张力之下,使用的工具和概念是当时就已经有了的。但是有时候,某个人或某个组织做出的飞跃,看起来简直像是超越了时空。他们是怎么做到的?当他们同时代的人都无法超越临近性可能的界限时,他们又是如何做到的?这可能是最大的谜。

传统的解释属于万能但却没多少实际意义的"天才说"。达·芬奇在16世纪能够想象(并绘制)直升飞机,因为他是天才;巴贝奇和洛夫莱斯伯爵夫人在19世纪能够想象可编程计算机,因为他们是天才;毫无疑问这三个人都是天赋其才,但历史上很多高智商人物却无法想出超越他们时代几十年或几个世纪的发明。某些超越时空的天才无疑出自他们强大的智慧技能,但我觉得同样也是出自他们创意演变的那种环境,出自塑造了他们思想的兴趣与影响的那个网络。

除了无解的天才论之外,如果还有一条共同的主线来解释这些时光旅行者,那就是这样:他们在自己正式领域的边缘做事,或者说他们在迥然相异的各门学科之间的交叉点工作。想一想，在爱迪生研究留声机的一个世代之前，爱德华－里昂·斯科特·迪马丁维尔发明了他的录音设备。斯科特能够想出"书写"声波的创意，是因为他借鉴了来自速记法、印刷术和人耳解剖学研究的灵感。洛夫莱斯伯爵夫人埃达能够看出巴贝奇分析机的审美可能性，是因为她的生活充满了高等数学和浪漫主义诗歌的独特碰撞。能够看透事物表象的浪漫主义本能，她这种"神经系统"里的"怪癖"，使她能够想象一台操纵符号或创作乐曲的机器，而这种方式即便是巴贝奇自己也无法做到。

在某种程度上，这些时光旅行者提醒我们，在一个既定的领域内工作固然让你游刃有余，同时也会给你带来局限。停留在你专业学科的界限之内，你相对容易获得渐进式的提高，而且考虑到历史的具体性，更容易打开直接可用的临近性可能的大门。（当然，这一点也没错。科学进步就依赖于渐进式的提高。）但是那些学科界限同样也会成为一种障碍，使你无法看到只有超越界限时才清晰可见的更宏伟创意。有时，这些界限是字面上的、地理方面的界限，例如弗雷德里克·图德启程前往加勒比海，梦想着在热带地区贩卖冰块；克拉伦斯·伯宰在拉布拉多的冻原和因纽特人一起玩冰下钓鱼。有时，这些界限属于概念上的，例如斯科特借鉴速记法的灵感发明了声波记振仪。总的来说，这些时光旅行者通常兴趣广泛，想一想达尔文和他的兰花。《物种起源》问世4年之后，达尔文出版了一本关于授粉的书。他给这本书取了一个精彩的维多利亚风格的书名——《不列颠与外国兰花经由昆虫授粉的各种手段，以及杂交育种的良好效果》（*On the Various Contrivances by Which British and Foreign Orchids are Fertilised by Insects, and on the Good Effects of Intercrossing*）。由于现代基因学的发展，我们现在理解了"杂交育种的良好效果"，但是这一原理也同样适用于人类思想史。时光旅行者们尤其擅长于不同专业领域的"杂交育种"。这是兴趣广泛之人的妙处：当你的书房或车库里充斥着各类不同的知识领域时，通常你就能轻而易举地将它们融会贯通起来。

车库之所以已经成为创新者工作区的象征之一，是因为它们存在于传统的工作或研究空间之外。它们不是办公室隔间或大学实验室，而是工作和学习之外的地方，是你的边缘性爱好得以生长和进化的地方。专家们赶往他们的高级办公室或演讲大厅，而车库则是黑客、工匠和制造者的天地。车库不局限于某个单独的领域或行业，而是由其主人五花八门的爱好所决定。它是各种知识网络汇聚的地方。

我们这个时代里伟大的车库创新者史蒂夫·乔布斯在他著名的斯坦福大学毕业典礼演讲中，讲述了几个有关误打误撞进入新领域的创造力的故事。例如他大学辍学，旁听书法课，但这却最终塑造了麦金塔的图形界面；他30岁时被迫离开苹果公司，但这却使他创建了皮克斯动画电影公司，设计出NeXT计算机。乔布斯解释说："想要保持成功的沉重感，被再次从头开始的轻松感所取代，对一切事物不再那么自信满满。这让我感到自由，能够进入我一生中一个最有创造力的阶段。"

然而，在乔布斯演讲的末尾，却出现了一个奇怪的讽刺。在论证了那些不太可能的碰撞和探索能够以何种方式解放思维之后，他呼吁要"做真实的自己"，以这种更具感情色彩的方式结束了自己的演讲：

　　不要囿于成见，那是在按照别人设想的结果而活。不要让别人观点的聒噪声淹没自己的心声。最重要的是，要有跟着自己内心和直觉去走的勇气。

如果说我们能够从创新史，特别是从时光旅行者的历史学到些什么，那就是做真实的自己是不够的。当然，你不想囿于正统思想和传统观念。当然，本书中写到的创新者都有长时间里坚持自己想法的顽强意志。但是，忠实于自我认同感和自己的本质也有类似的危险。最好是挑战那些直觉，探索字面或比喻意义上的全新领域。最好是去发展新的联系，而不是待在陈规惯例中怡然自得。如果你想多少改善一下这个世界，那么你需要专注和决心；你需要在一个领域的范围内坚守，同时每次打开一扇临近性可能的新的大门。但是如果你想成为埃达那种人，如果你想有"对隐秘事物的直觉性领悟"——要是这样的话，嗯，你需要多少迷失一下自我。

写作有　种可预料的社交节奏，至少对我而言是如此。最开始近乎孤独；作家独自有了某些想法，然后在那种私人氛围里一待就是好几个月，甚至几年，打乱这种节奏的仅有偶尔出现的编辑来访或相互交谈。然后，随着出版日期的临近，社交圈子变大了。突然有十来个人在读你的文字，帮你将尚未成形的粗糙手稿打造成一个完美无缺的最终产品。然后新书上架，所有的工作进入公众视野，几乎让人害怕。成千上万的书店职员、评论者、广播记者和读者相互交流，他们所用的文字在一个如此私密的范围内变得鲜活起来。然后整个循环再次开始。

　　但是本书遵循的模式完全不同。由于美国公共电视台/英国广播公司电视系列片的同步推进，本书一开始就是一个社交和合作的过程。其中的故事和评论，当然不用说还包括本书的全局性结构，来自于和几十个人的几百次交谈，有在加利福尼亚、伦敦和华盛顿进行的，也有通过电子邮件和Skype网络电话进行的。

制作电视系列片和图书是我这辈子做过的最艰巨的工作；他们迫使我下到旧金山的下水道里面去，不过是其中的片段而已。但这同时也是我曾经做过的最有意义的工作，大部分原因是因为我的合作者们实在是太有创造力、太有趣了。本书以各式各样不同的方式得益于他们的才智和支持。

首先要感谢精力充沛、开朗乐观的简·鲁特（Jane Root），是她说服我初次涉足电视，而且在整个项目完成过程中始终不知疲倦地陪伴着我。（感谢迈克尔·杰克逊多年以前介绍我们认识。）作为制片人，彼得·拉弗林（Peter Lovering）、菲尔·克雷格（Phil Craig）和迪内·皮特勒（Diene Petterle）以非凡的技巧和创造力形成了本书的思想和叙述风格，导演朱利安·琼斯（Julian Jones）、保罗·奥尔丁（Paul Olding）和尼克·斯塔西（Nic Stacey）也是如此。一个如此复杂的项目，潜在的叙述头绪众多，如果没有我们的研究员和编剧的帮助，几乎是不可能完成的；他们是耶米拉·特文奇（Jemila Twinch）、西蒙·维尔格斯（Simon Willgoss）、罗恩·格里纳韦（Rowan Greenaway）、罗伯特·麦克安德鲁（Robert MacAndrew）、杰玛·哈根（Jemma Hagen）、杰克·查普曼（Jack Chapman）、杰兹·布拉德肖（Jez Bradshaw）和米里亚姆·里夫斯（Miriam Reeves）。我同样想感谢海伦娜·泰特（Helena Tait）、科斯蒂·厄克特–戴维斯（Kirsty Urquhart-Davies）、詹妮·沃尔夫（Jenny Wolf）以及努托皮亚小组的其他人，不消说还有西洋镜协会（Peepshow Collective）才华横溢的插图画家们。我要感谢美国公共广播公司（PBS）的贝思·霍佩（Beth Hoppe）、比尔·加德纳（Bill Gardner）、OPB的戴夫·戴维斯（Dave Davis）、CPB的詹尼弗·劳森（Jennifer Lawson）的大力支持，同时还要感谢英国广播公司的马丁·戴维森（Martin Davidson）。

像本书这样一部涉猎众多学科领域的著作，如果不借助他人的专业知识是不可能写出来的。我要感谢为这一项目而采访过的很多优秀人士，其中有些人费心帮我审读了部分手稿，他们是：特里·亚当斯（Terri Adams）、凯瑟琳·阿什伯格（Katherine Ashenburg）、罗莎·巴洛威尔（Rosa Barovier）、斯图尔特·布兰德（Stewart Brand）、贾森·布朗（Jason Brown）、雷·布里格斯（Ray Briggs）博士、斯坦·邦杰（Stan Bunger）、凯文·康纳（Kevin Connor）、吉恩·克鲁塞斯（Gene Chruszcs）、约翰·德吉诺瓦（John DeGenova）、贾森·戴席勒（Jason Deichler）、雅克·德布瓦（Jacques Desbois）、迈克·邓恩（Mike Dunne）博士、卡特里娜·费克（Caterina Fake）、凯文·贾兹帕特里克（Kevin Fitzpatrick）、盖伊·杰拉迪（Gai Gherardi）、戴维·乔凡诺尼（David Giovannoni）、佩吉·戈德温（Peggi Godwin）、托马斯·格茨（Thomas Goetz）、阿尔文·霍尔（Alvin Hall）、格兰特·希尔（Grant Hill）、莎伦·赫金斯（Sharon Hudgens）、凯文·凯利（Kevin Kelly）、克雷格·科斯洛夫斯基（Craig Koslofsky）、艾伦·麦克法兰（Alan MacFarlane）、戴维·马歇尔（David Marshall）、迪米特里厄斯·玛特萨基斯（Demetrios Matsakis）、亚丽克西斯·麦克罗森（Alexis McCrossen）、霍利·穆拉科（Holley Muraco）、林顿·默里（Lyndon Murray）、伯纳德·纳根加斯特（Bernard Nagengast）、马克斯·诺瓦（Max Nova）、马克·奥斯特曼（Mark Osterman）、布莱尔·珀金斯（Blair Perkins）、劳伦斯·佩蒂内利（Lawrence Pettinelli）、雷切尔·拉姆皮（Rachel Rampy）博士、伊戈尔·列兹尼科夫（Iegor Reznikoff）、埃蒙·瑞安（Eamon Ryan）、珍妮弗·瑞安（Jennifer Ryan）、迈克尔·D·瑞安（Michael D. Ryan）、史蒂文·拉金（Steven Ruzin）、戴维德·萨尔瓦托尔（Davide Salvatore）、汤

姆·舍费尔（Tom Scheffer）、埃里克·B·舒尔茨（Eric B. Schultz）、艾米丽·汤普森（Emily Thompson）、杰里·特拉谢尔（Jerri Thrasher）、比尔·瓦希克（Bill Wasik）、杰夫·杨（Jeff Young）、埃德·杨（Ed Yong）和卡尔·齐默（Carl Zimmer）。

在里弗黑德（Riverhead）出版社，我的编辑和出版商杰弗里·科罗斯科（Geoffrey Kloske）以一贯的职业敏锐感对本书进行编辑加工，并且从一开始就以巧妙的图书设计打造这一项目。同样感谢凯西·布鲁·詹姆斯（Casey Blue James）、哈尔·费森登（Hal Fessenden）以及里弗黑德的凯特·斯塔克（Kate Stark），还有我在英国的出版商斯特凡·麦克格拉斯（Stefan McGrath）和约瑟芬·格雷伍德（Josephine Greywoode）。像往常一样，感谢我的代理人莉迪亚·威尔斯（Lydia Wills），在将近五年的时间里，她一直对这个项目充满信心。

最后，我要向我的妻子亚莉克莎（Alexa）和三个儿子克雷（Clay）、罗恩（Rowan）、迪恩（Dean）表达爱意和感谢。著书为生通常意味着我有更多的时间和他们在一起，有时在家附近闲逛，有时和亚莉克莎闲聊，有时需要接孩子们放学回家，因而经常耽误了写作。但是着手这一项目之后，我出门在外的时间多过了在家写作的时间。因此，感谢你们包容我经常不在家。但愿这会使我们的心靠得更近；我是这样的感觉。

前言

1 De Landa, p. 3.

2 *From The Pleasure of Finding Things Out, a 1981 documentary.*

第一章　玻璃

1 Willach, p. 30.

2 Toso, p. 34.

3 Verità, p. 63.

4 Dreyfus, pp.93–106.

5 http://faao.org/what/heritage/exhibits/online/spectacles/.

6 Pendergrast, p. 86.

7 Quoted in Hecht, p. 30.

8 Quoted ibid., p. 31.

9 Woods-Marsden, p. 31.

10 Pendergrast, pp. 119–120.

11 Quoted ibid., p. 138.

12 Macfarlane and Martin, p. 69.

13 Mumford, p. 129.

14 Quoted ibid., p. 131.

第二章　寒冷

1 Thoreau, p. 192.

2 Quoted in Weightman, loc. 274–276.

3 Quoted ibid., loc. 289–290.

4 Quoted ibid., loc. 330.

5 Quoted ibid., loc. 462–463.

6 Quoted ibid., loc. 684–688.

7 Quoted ibid., loc. 1911–1913.

8 Thoreau, p. 193.

9 Quoted in Weightman, loc. 2620–2621.

10 Miller, p. 205.

11 Ibid., p. 208.

12 Ibid.

13 Sinclair.

14 Dreiser, p. 620.

15 Wright, p. 12.

16 Quoted in Gladstone, p. 34.

17 Shachtman, p. 75.

18 Kurlansky, pp. 39–40.

19 Quoted ibid., p. 129.

20 http://www.filmjournal.com/ filmjournal/content_display/news-and-features/features/technology/e3iad1c03f082a43aa277a9bb65d3d561b5.

21 Ingels, p. 67.

22 Polsby, pp. 80–88.

23 http://www.theguardian.com/society/2013/jul/12/story-ivf-five-million-babies.

第三章　声音

1 http://www.musicandmeaning.net/issues/showArticle.php?artID=3.2.

2 Klooster, p. 263.

3 http://www.firstsounds.org.

4 Mercer, pp. 31–32.

5 Quoted in Gleick 2012, loc.3251–3257.

6 Gertner, pp. 270–271.

7 http://www.nsa.gov/about/cryptologic_heritage/center_crypt_history/publications/sigsaly_start_digital.shtml.

8 Quoted ibid.

9 Hijiya, p. 58.

10 Thompson, p. 92.

11 Quoted in Fang, p. 93.

12 Quoted in Adams, p. 106.

13 Hilja, p. 77.

14 Carney, pp. 36–37.

15 Quoted in Brown, p. 176.

16 Thompson, pp. 148–158.

17 Quoted in Diekman, p. 75.

18 Frost, p. 466.

19 Ibid., p. 476–477.

20 Quoted ibid., p. 478.

21 Yi, p. 294.

第四章　清洁

1 Cain, p. 355.

2 Miller, p. 68.

3 Quoted ibid., p. 70.

4 Miller, p. 75.

5 Chesbrough, 1871.

6 Quoted in Miller, p. 123.

7 Quoted ibid., p. 123.

8 Miller, p. 123.

9 Cain, p. 356.

10 Ibid., p. 357.

11 Cohn, p. 16.

12 Macrae, p. 191.

13 Burian, Nix, Pitt, and Durrans.

14 http://www.pbs.org/wgbh/amex/chicago/peopleevents/e_canal.html.

15 Sinclair, p. 110.

16 Goetz, loc. 612–615.

17 Quoted in Ashenburg, p. 100.

18 Ashenburg, p. 105.

19 Ibid., p. 221.

20 Ibid., p. 201.

21 http://www.zeiss.com/microscopy/en_us/about-us/nobel-prize-winners.html.

22 McGuire, p. 50.

23 Ibid., pp. 112–113.

24 Ibid., p. 200.

25 Quoted in ibid., p. 248.

26 Quoted ibid., p. 228.

27 Cutler and Miller, pp. 1–22.

28 Wiltse, p. 112.

29 The Clorox Company: 100 Years, 1,000 Reasons (The Clorox Company, 2013), pp. 18–22.

30 http://www.gatesfoundation.org/What-We-Do/Global-Development/Reinvent-the-Toilet-Challenge.

第五章　时间

1 Blair, p. 246.

2 Kreitzman, p. 33.

3 Drake, loc. 1639.

4 http://galileo.rice.edu/sci/instruments/pendulum.html.

5 Mumford, p. 134.

6 Thompson, pp. 71–72.

7 Ibid., p. 61.

8 Dickens, p. 130.

9 Priestley, p. 5.

10 Ibid., p. 21.

11 http://srnteach.us/HIST1700/assets/projects/unit3/docs/railroads.pdf.

12 McCrossen, p. 92.

13 Bartky, pp. 41–42.

14 McCrossen, p. 107.

15 Senior, pp. 244–245.

16 http://longnow.org/clock/.

17 Ibid.

第六章 光

1 Irwin, p. 47.

2 Ekirch, p. 306.

3 Dolin, loc. 1272.

4 Quoted ibid., loc. 1969–1971.

5 Dolin, loc. 1992.

6 Irwin, p. 50.

7 Ibid., pp. 51–52.

8 Nordhaus, p. 29.

9 Ibid., p. 37.

10 Friedel, Israel, and Finn, loc. 1475.

11 Ibid., loc. 1317–1320.

12 Quoted in Stross, loc. 1614.

13 Friedel, Israel, and Finn, loc. 2637.

14 Bruck, p. 104.

15 Riis, loc. 2228.

16 Ibid., loc. 2226.

17 Ibid., loc. 2238.

18 Yochelson, p. 148.

19 Ribbat, pp. 31–33.

20 Ibid., pp. 82–83.

21 Wolfe, p. 7.

22 Venturi, Scott Brown, and Izenour, p. 21.

23 Wells, p. 28.

24 Gertner, p. 256.

25 Ibid., p. 255.

26 Basker, pp. 21–23.

结语 时光旅行者

1 Toole, p. 20.

2 Quoted in Swade, p. 158.

3 Quoted ibid., p. 159.

4 Quoted ibid., p. 170.

Adams, Mike. *Lee de Forest: King of Radio, Television and Film*. Springer/
Copernicus Books, 2012.

Allen, William F. "Report on the subject of National Standard Time Madeto
the General and Southern Railway Time Convention held in St. Louis, April 11,
1883, and in New York City, April 18, 1883." New York Public Library. http://
archives.nypl.org/uploads/collection/pdf_finding_aid/allenwf.pdf.

Ashenburg, Katherine. *The Dirt on Clean: An Unsanitized History*. North
Point, 2007.

Baldry, P. E. *The Battle Against Bacteria*. Cambridge University Press, 1965.

Barnett, JoEllen. *Time's Pendulum: The Quest to Capture Time—From
Sundials to Atomic Clock*. Thomson Learning, 1999.

Bartky, I. R. "The Adoption of Standard Time," *Technology and Culture* 30
(1989): 48–49.

Basker, Emek. "Raising the Barcode Scanner: Technology and Productivity
in the Retail Sector," *American Economic Journal: Applied Economics* 4, no. 3
(2012): 1–27.

Berger, Harold. *The Mystery of a New Kind of Rays: The Story of Wilhelm Conrad Roentgen and His Discovery of X-Rays*. CreateSpace Independent Publishing Platform, 2012.

Blair, B. E. "Precision Measurement and Calibration: Frequency and Time," *NBS Special Publication* 30, no. 5, selected NBS Papers on Frequency and Time.

Blum, Andrew. *Tubes: A Journey to the Center of the Internet*. Ecco, 2013.

Brown, George P. *Drainage Channel and Waterway: A History of the Effort to Secure an Effective and Harmless Method for the Disposal of the Sewage of the City of Chicago, and to Create a Navigable Channel Between Lake Michigan and the Mississippi River*. General Books, 2012.

Brown, Leonard. *John Coltrane and Black America's Quest for Freedom: Spirituality and the Music*. Oxford University Press, 2010.

Bruck, Hermann Alexander. *The Peripatetic Astronomer: The Life of Charles Piazzi Smyth*. Taylor & Francis, 1988.

Burian, S. J., Nix, S. J., Pitt, R. E., and Durrans, R. S. "Urban Wasterwater Management in the United States: Past, Present, and Future," *Journal of Urban Technology* 7, no. 3 (2000): 33–62.

Cain, Louis P. "Raising and Watering a City: Ellis Sylvester Chesbrough and Chicago's First Sanitation System," *Technology and Culture* 13, no. 3 (1972): 353–372.

Chesbrough, E. S. "The Drainage and Sewerage of Chicago," paper read (explanatory and descriptive of maps and diagrams) at the annual meeting in Chicago, September 25, 1887.

Clark, G. "Factory Discipline," *The Journal of Economic History* 54, no. 1 (1994): 128–163.

Clegg, Brian. *Roger Bacon: The First Scientist*. Constable, 2013.

The Clorox Company: 100 Years, 1,000 Reasons. The Clorox Company, 2013.

Cohn, Scotti. *It Happened in Chicago*. Globe Pequot, 2009.

Courtwright, David T. *Forces of Habit: Drugs and the Making of the Modern World*. Harvard University Press, 2002.

Cutler, D., and Miller, G. "The Role of Public Health Improvements in Health Advances: The Twentieth-Century United States," *Demography* 42, no. 1 (2005): 1–22.

De Landa, Manuel. *War in the Age of Intelligent Machines*. Zone, 1991.

Dickens, Charles. *Hard Times*. Knopf, 1992.

Diekman, Diane. *Twentieth Century Drifter: The Life of Marty Robbins*. University of Illinois Press, 2012.

Dolin, Eric Jay. *Leviathan: The History of Whaling in America*. Norton, 2007.

Douglas, Susan J. *Inventing American Broadcasting, 1899–1922*. Johns Hopkins University Press, 1989.

Drake, Stillman. *Galileo at Work: His Scientific Biography*. Dover, 1995.

Dreiser, Theodore. "Great Problems of Organization, III: The Chicago Packing Industry," *Cosmopolitan* 25 (1895).

Dreyfus, John. *The Invention of Spectacles and the Advent of Printing*. Oxford University Press, 1998.

Ekirch, Roger. *At Day's Close: A History of Nighttime*. Phoenix, 2006.

Essman, Susie. *What Would Susie Say? Bullsh*t Wisdom About Love, Life, and Comedy*. Simon & Schuster, 2010.

Fagen, M. D., ed. A *History of Engineering and Science in the Bell System: National Service in War and Peace (1925–1975)*. Bell Labs, 296–317.

Fang, Irving E. *A History of Mass Communication: Six Information Revolutions*. Focal, 1997.

Fisher, Leonard Everett. *The Glassmakers (Colonial Craftsmen)*. Cavendish Square Publishing, 1997.

Fishman, Charles, *The Big Thirst: The Secret Life and Turbulent Future of Water*. Free Press, 2012.

Flanders, Judith. *Consuming Passions: Leisure and Pleasures in Victorian Britain*. Harper Perennial, 2007.

Foster, Russell, and Kreitzler, Leon. *Rhythms of Life: The Biological Clocks That Control the Daily Lives of Every Living Thing*. Yale University Press, 2005.

Freeberg, Ernest. *The Age of Edison: Electric Light and the Invention of Modern America*. Penguin, 2013.

Friedel, Robert D., Israel, Paul, and Finn, Bernard S. *Edison's Electric Light: The Art of Invention*. Johns Hopkins University Press, 2010.

Frost, Gary L. "Inventing Schemes and Strategies: The Making and Selling of the Fessenden Oscillator," *Technology and Culture* 42, no. 3 (2001): 462–488.

Gertner, Jon. *The Idea Factory: Bell Labs and the Great Age of American Innovation*. Penguin, 2013.

Gladstone, J. "John Gorrie, The Visionary. The First Century of Air

Conditioning," *The Ashrae Journal*, article 1 (1998).

Gleick, James. *Faster: The Acceleration of Just About Everything*. Vintage, 2000.

Gleick, James. *The Information: A History, a Theory, a Flood*. Vintage, 2012.

Goetz, Thomas. *The Remedy: Robert Koch, Arthur Conan Doyle, and the Quest to Cure Tuberculosis*. Penguin, 2014.

Gray, Charlotte. *Reluctant Genius: Alexander Graham Bell and the Passion for Invention*. Arcade, 2011.

Haar, Charles M. *Mastering Boston Harbor: Courts, Dolphins, and Imperiled Waters*. Harvard University Press, 2005.

Hall, L. "Time Standardization." http://railroad.lindahall.org/essays/time-standardization.html.

Hamlin, Christopher. *Cholera: The Biography*. Oxford University Press, 2009.

Hecht, Jeff. *Beam: The Race to Make the Laser*. Oxford University Press, 2005.

Hecht, Jeff. *Understanding Fiber Optics*. Prentice Hall, 2005.

Heilbron, John L. *Galileo*. Oxford University Press, 2012.

"Henry Ford and the Model T: A Case Study in Productivity" (Part 1). http://www.econedlink.org/lessons/index.php?lid=668&type=student.

Herman, L. M., Pack, A. A., and Hoffmann-Kuhnt, M. "Seeing Through Sound: Dolphins Perceive the Spatial Structure of Objects Through Echolocation," *Journal of Comparative Psychology* 112 (1998): 292–305.

Hijiya, James A. *Lee DeForest and the Fatherhood of Radio*. Lehigh University Press, 1992.

Hill, Libby. *The Chicago River: A Natural and Unnatural History*. Lake Claremont Press, 2000.

Howse, Derek. *Greenwich Time and the Discovery of the Longitude*. Oxford University Press, 1980.

Irwin, Emily. "The Spermaceti Candle and the American Whaling Industry," *Historia* 21 (2012).

Jagger, Cedric. *The World's Greatest Clocks and Watches*. Galley Press, 1987.

Jefferson, George, and Lowell, Lindsay. *Fossil Treasures of the Anza-Borrego Desert: A Geography of Time*. Sunbelt Publications, 2006.

Jonnes, Jill. *Empires of Light: Edison, Tesla, Westinghouse, and the Race to Electrify the World*. Random House, 2004.

Klein, Stefan. *Time: A User's Guide*. Penguin, 2008.

Klooster, John W. *Icons of Invention: The Makers of the Modern World from Gutenberg to Gates*. Greenwood, 2009.

Koestler, Arthur. *The Act of Creation*. Penguin, 1990.

Kurlansky, Mark. *Birdseye: The Adventures of a Curious Man*. Broadway Books, 2012.

Landes, David S. *Revolution in Time: Clocks and the Making of the Modern World*. Belknap Press, 2000.

Livingston, Jessica. *Founders at Work: Stories of Startups' Early Days*. Apress, 2008.

Lovell, D. J. *Optical Anecdotes*. SPIE Publications, 2004.

Macfarlane, Alan, and Martin, Gerry. *Glass: A World History*. University of Chicago Press, 2002.

Macrae, David. *The Americans at Home: Pen-and-ink Sketches of American Men, Manners and Institutions, Volume 2*. Edmonston & Douglas, 1870.

Maier, Pauline. *Inventing America: A History of the United States, Volume 2*. Norton, 2005.

Matthew, Michael R., Clough, Michael P., and Ogilvie, C. "Pendulum Motion: The Value of Idealization in Science." http://www.storybehind thescience.org/pdf/pendulum.pdf.

McCrossen, Alexis. *Marking Modern Times: A History of Clocks, Watches, and Other Timekeepers in American Life*. University of Chicago Press, 2013.

McGuire, Michael J. *The Chlorine Revolution*. American Water Works Association, 2013.

Mercer, David. *The Telephone: The Life Story of a Technology*. Greenwood, 2006.

Millard, Andre. *America on Record: A History of Recorded Sound*. Cambridge University Press, 2005.

Miller, Donald L. *City of the Century: The Epic of Chicago and the Making of America*. Simon & Schuster, 1996.

Morris, Robert D. *The Blue Death: Disease, Disaster, and the Water We Drink*. Harper, 2007.

Mumford, Lewis. *Technics and Civilisation*. Routledge, 1934.

Ness, Roberta. *Genius Unmasked*. Oxford University Press, 2013.

Ngozika Ihewulezi, Cajetan. *The History of Poverty in a Rich and Blessed America: A Comparative Look on How the Euro-Ethnic Immigrant Groups and the Racial Minorities Have Experienced and Struggled Against Poverty in American History*. Authorhouse, 2008.

Nicolson, Malcolm, and Fleming, John E. E. "Imaging and Imagining the Foetus: The Development of Obstetric Ultrasound." Johns Hopkins University Press, 2013.

Ollerton, J., and Coulthard, E. "Evolution of Animal Pollination," *Science* 326.5954 (2009): 808–809.

Pack, A. A., and Herman, L. M. "Sensory Integration in the Bottlenosed Dolphin: Immediate Recognition of Complex Shapes Across the Senses of Echolocation and Vision," *Journal of the Acoustical Society of America* 98(1995): 722–733.

Pack, A. A., Herman, L. M., and Hoffmann-Kuhnt, M. "Dolphin echolocation shape perception: From Sound to Object." In J. Thomas, C. Moss, and Vater, M. (eds.).

Pack, A. A., and Herman, L. M. "Seeing Through Sound: Dolphins (Tursiops truncatus) Perceive the Spatial Structure of Objects Through Echolocation," *Journal of Comparative Psychology* 112, no. 3 (1998): 292–305.

Pascal, Janet B. *Jacob Riis: Reporter and Reformer*. Oxford University Press, 2005.

Pendergrast, Mark. *Mirror Mirror: A History of the Human Love Affair with*

Reflection. Basic Books, 2004.

Patterson, Clair C. (1922–1995), interviewed by Shirley K. Cohen. March 5, 6, and 9, 1995. Archives California Institute of Technology, Pasadena, California. http://oralhistories.library.caltech.edu/32/1/OH_Patterson.pdf.

Poe, Marshall T. *A History of Communications: Media and Society from the Evolution of Speech to the Internet*. Cambridge University Press, 2010.

Polsby, Nelson W. *How Congress Evolves: Social Bases of Institutional Change*. Oxford University Press, 2005.

Praeger, Dave. *Poop Culture: How America Is Shaped by Its Grossest National Product*. Feral House, 2007.

Price, R. "Origins of the Waltham Model 57." Copyright © 1997–2012 Price-Less Ads. http://www.pricelessads.com/m57/monograph/main.pdf.

Priestley, Philip T. *Aaron Lufkin Dennison—an Industrial Pioneer and His Legacy*. National Association of Watch & Clock Collectors, 2010.

Ranford, J. L. *Analogue Day*. Ranford, 2014.

Rhodes, Richard. *Hedy's Folly: The Life and Breakthrough Inventions of Hedy Lamarr, the Most Beautiful Woman in the World*. Vintage, 2012.

Ribbat, Christoph. *Flickering Light: A History of Neon*. Reaktion Books, 2013.

Richards, E. G. *Mapping Time: The Calendar and Its History*. Oxford University Press, 2000.

Riis, Jacob A. *How the Other Half Lives: Studies among the Tenements of New York*. Dover, 1971.

Roberts, Sam. *Grand Central Station: How a Station Transformed America.* Grand Central Publishing, 2013.

Royte, Elizabeth. *Bottlemania: How Water Went On Sale And Why We Bought It.* Bloomsbury, 2008.

Shachtman, Tom. *Absolute Zero and the Conquest of Cold.* Houghton Mifflin, 1999.

Schlesinger, Henry. *The Battery: How Portable Power Sparked a Technological Revolution.* Harper Perennial, 2011.

Schwartz, Hillel. *Making Noise—From Babel to the Big Bang and Beyond.* MIT Press, 2011.

Senior, John E. *Marie and Pierre Curie.* Sutton Publishing, 1998.

Silverman, Kenneth. *Lightning Man: The Accursed Life of Samuel F. B. Morse.* Da Capo Press, 2004.

Sinclair, Upton. *The Jungle.* Dover, 2001.

Skrabec, Quentin R., Jr. *Edward Drummond Libbery: American Glassmaker.* McFarland, 2011.

Sterne, Jonathan. *The Audible Past: Cultural Origins of Sound Reproduction.* Duke University Press, 2003.

Steven-Boniecki, Dwight. *Live TV: From the Moon.* Apogee Books, 2010.

Stross, Randall E. *The Wizard of Menlo Park: How Thomas Alva Edison Invented the Modern World.* Crown, 2007.

Swade, Doron. *The Difference Engine: Charles Babbage and the Quest to Build the First Computer.* Penguin, 2002.

Taylor, Nick. *Laser: The Inventor, the Nobel Laureate, and the Thirty-Year Patent War*. Backprint.com, 2007.

Thompson, Emily. *The Soundscape of Modernity: Architectural Acoustics and the Culture of Listening in America*, 1900–1933. MIT Press, 2004.

Thompson, E. P. "Time, Work-Discipline and Industrial Capitalism," *Past & Present* 38 (1967): 56–97.

Thoreau, Henry David. *Walden*. Phoenix, 1995.

Toole, Betty Alexandra. *Ada, the Enchantress of Numbers: Poetical Science*. Critical Connection, 2010.

Toso, Gianfranco. *Murano Glass: A History of Glass*. Arsenale, 1999.

Venturi, Robert, Scott Brown, Denise, and Izenour, Steven. *Learning From Las Vegas*. MIT Press, 1977.

Verità, Marco. "L' invenzione del cristallo muranese: Una verifica ana litica delle fonti storiche," *Rivista della Stazione Sperimental del Vetro* 15 (1985): 17–29.

Watson, Peter. *Ideas: A History: From Fire to Freud*. Phoenix, 2006.

Weightman, Gavin. *The Frozen Water Trade: How Ice from New England Kept the World Cool*. HarperCollins, 2003.

Wells, H. G. *The War of the Worlds*. New American Library, 1986.

Wheen, Andrew. *Dot-Dash to Dot.Com: How Modern Telecommunications Evolved from the Telegraph to the Internet*. Springer, 2011.

White, M. "The Economics of Time Zones," March 2005. http://www.learningace.com/doc/1852927/fbfb4e95bef9efa4666d23729d3aa5b6/timezones.

Willach, Rolf. *The Long Route to the Invention of the Telescope*. American Philosophical Society, 2008.

Wilson, Bee. *Swindled: The Dark History of Food Fraud, from Poisoned Candy to Counterfeit Coffee*. Princeton University Press, 2008.

Wiltse, Jeff. *Contested Waters: A Social History of Swimming Pools in America*. University of North Carolina Press, 2010.

Wolfe, Tom. *The Kandy-Kolored Tangerine-Flake Streamline Baby*. Picador, 2009.

Woods-Marsden, Joanna. *Renaissance Self-Portraiture: The Visual Construction of Identity and the Social Status of the Artist*. Yale University Press, 1998.

Woolley, Benjamin. *The Bride of Science: Romance, Reason, and Byron's Daughter*. McGraw-Hill, 2000.

Wright, Lawrence. *Clean and Decent: The Fascinating History of the Bathroom and the Water Closet*. Routledge & Kegan Paul, 1984.

Yochelson, Bonnie. Rediscovering Jacob Riis: The Reformer, His Journalism, and His Photographs. New Press, 2008.

Yong, Ed. "Hummingbird Flight Has a Clever Twist," *Nature* (2011).

Zeng, Yi, et al. "Causes and Implications of the Recent Increase in the Reported Sex Ratio at Birth in China," *Population and Development Review* 19, no. 2 (1993): 294–295.

p. 105: *City Noise: The Report of the Commission Appointed by Dr. Shirley W. Wynne, Commissioner of Health, to Study Noise in New York City and to Develop Means of Abating It* (Academy Press, 1930)

p. 119: Chicago History Museum, ICHi-09793, Photographer: Wallis Bros.

p. 120: Chicago History Museum, ICHi-00698, Creator unknown

pp. 128, 132, 134: Wellcome Library, London

p. 139: Courtesy The Clorox Company

p. 142: Gates Foundation

p. 144: Courtesy Texas Instruments

p. 156: © Steven Vidler / Corbis

p. 161: Courtesy Philip T. Priestly, from *Aaron Lufkin Dennison: An Industrial Pioneer and His Legacy* © 2009, NAWCC Inc. Thanks also to the NAWCC Library and Nancy Dyer.

p. 162: Library of Congress, Prints & Photographs Division (LC-DIGppmsca-34721)

p. 171: © Hans Reinhart / Corbis

p. 175: Courtesy The Long Now Foundation. Photograph by Chris Baldwin

p. 187: © Natural History Museum / Mary Evans Picture Library

pp. 201, 228: © Science Photo Library

p. 204: © Corbis

p. 210: © H. Armstrong Roberts / ClassicStock / Corbis